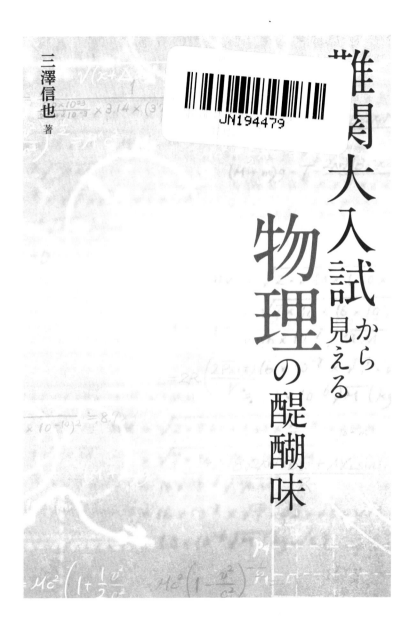

三澤信也 著

難関大入試から見える
物理の醍醐味

技術評論社

まえがき

　この本は、物理を楽しんでいただく、物理の奥深さを味わっていただくことを目的に書いたものです。

　大学受験が物理を深く学ぶきっかけとなったという方は多いと思います。大学入試の物理の問題を解くには、物理法則に基づいて筋道を立てて考える力が必要です。この力を身につけるには訓練が必要で、苦労した経験のある方も多いと思います。

　特に「難問」と呼ばれるような問題は、大学で物理を専門に学んでいる方でも簡単に解けるものではありません。必要な知識は高校物理までとしながらも、深い思考や地道な計算を要する問題が多いからです。

　さて、本書ではあえて難易度の高い大学入試問題を多く取り上げています。その理由の1つは、受験勉強としてではなくクイズを解くような感覚で難問に挑んで楽しんでいただきたいからです。もう1つの理由は、難易度の高い問題には物理の醍醐味が詰まっていることが多いからです。

　目次をご覧いただければ分かりますが、本書で扱う入試問題は身近なところで起こっている現象や、世の中に役立っているものの仕組みをテーマにしたものです。「そうだったのか！」と思っていただけるものを集めたつもりです。

　ただし、「そうだったのか！」と思えるようになるには、物理的な思考が必要です。そして、その誘導をしてくれるのが入試問題なのです。設問に従って解き進めることで、物理の明らかにする世界が見えてくるようになっています。面白い内容を扱う問題ほど難しくなる傾向があるため難問を多く取り上げています。

　以上が本書の特徴ですが、肩の力を抜いて取り組んでいただける難易度が高くない問題も織り交ぜてあります。これらも、興味深い内容を扱ったものを選んであります。

　各問題の難易度の目安は、★の数で示しています（目次参照）。各問題は独立したテーマを扱っているので、どのような順序で読んでいただいても大丈夫です。★の数が少ないものから読んでみる、★の数が多いものは数式部分は飛ばして要点（「ここが面白い」など）だけ読む、というのもよいと思います（特に★5つの問題は超難問です）。もちろん、★の多いものにもじっくり取り組んでいただければ楽しんでいただけると思います。

　本書を通して、物理が明らかにする奥深い世界を味わっていただけたら幸いです。

三澤 信也

CONTENTS 目次

まえがき ……………………………………………………………………… 3

第1章 力学編

1.1 2022 東京大学｜大問❶
潮汐力の謎が解ける！ ……………………………………………… 8

1.2 2021 東京大学｜大問❶
ブランコの一番上手な漕ぎ方とは？ …………………………… 20

1.3 2022 岐阜大学｜大問❶
うきとおもりの絶妙なバランス 〜釣りの道具の秘密〜 …… 30

1.4 2023 慶應義塾大学（医学部）｜大問❶問3
地上の空気の分子の数を数えてみよう！ ……………………… 35

1.5 2021 滋賀医科大学｜大問❷
リニアを超える移動方法がある！？ …………………………… 37

1.6 2022 慶應義塾大学（理工学部）｜大問❶（1）
振り子時計はまっすぐ立てないと使えない？ ………………… 49

1.7 2022 長崎大学｜大問❶‐Ⅱ
地震による車の転倒を防ぐには？ ……………………………… 54

第2章 熱力学編

2.1 2023 同志社大学（理工学部）｜大問❸（ア）
気体を圧縮するだけでどれだけ温度を上げられる？ ………… 62

2.2 2023 大阪公立大学（中期）｜大問❷
どんな熱サイクルが一番効率的？ ……………………………… 64

2.3 2022 名古屋大学｜大問❸
熱気球の仕組み 〜何度になれば浮くの？〜 ………………… 77

2.4 2020 早稲田大学（教育学部）｜大問❷

気体分子は1秒間に何回他の分子とぶつかっているのか？ ……… 88

2.5 2022 東京工業大学｜大問❸

熱を加えても気体の温度が下がる？ ……………………………… 95

2.6 2023 東京大学｜大問❸

風船は膨らませはじめるときが一番大変？ …………………… 103

第3章　波動編

3.1 2023 慶應義塾大学（医学部）｜大問❷ 問1

光は最短時間経路を選んでいる！ ……………………………… 116

3.2 2021 東北大学（後期）｜大問❸

気温や気圧が変わるとシャボン玉の虹が変化する？ ………… 120

3.3 2023 慶應義塾大学（医学部）｜大問❷ 問2

角膜が盛り上がっているのには理由がある？ ………………… 130

3.4 2021 名古屋市立大学（医学部）｜大問❹

視力の上限が 2.0 なのはなぜ？ ………………………………… 134

3.5 2022 岐阜大学｜大問❸

船や航空機の位置を探知する方法とは？ ……………………… 144

3.6 2021 金沢大学｜大問❺

ほんのわずかな視野角を測定できる恒星干渉計の秘密 ……… 151

3.7 2018 名古屋市立大学（医学部）｜大問❸ -2

数百倍に拡大できる光学顕微鏡の秘密 ………………………… 162

3.8 2022 長崎大学｜大問❸ - Ⅱ

天体望遠鏡に長い筒が必要な理由 ……………………………… 168

第4章　電磁気学編

4.1　2023 大阪工業大学｜大問❷（1）

モバイルバッテリーの落とし穴 ———————————— 178

4.2　2021 大阪大学｜大問❷

送電によって損失しているエネルギーはどのくらい？ ———— 182

4.3　2023 東京大学｜大問❷-I

質量を正確に測定するための大掛かりな装置！ ———— 190

4.4　2022 滋賀医科大学｜大問❸

人類に貢献する加速器の仕組みとは？① ————————— 198

4.5　2023 東京理科大学（理学部）｜大問❸（1）

人類に貢献する加速器の仕組みとは？② ————————— 209

第5章　原子物理編

5.1　2023 東京慈恵会医科大学｜大問❷-Ⅱ

有名なアインシュタインの式 $E = mc^2$ はどうやって導かれる？ ——— 214

5.2　2023 慶應義塾大学（医学部）｜大問❶ 問2

大昔と現在では地球に含まれる元素は大違い？ ————————— 220

5.3　2021 同志社大学（理工学部）｜大問❸ ウ〜ク

未知の粒子の存在に気付いたチャドウィックの慧眼 ————— 224

※国公立大学の入試問題について、特段記載のないものは前期日程のものです。

第1章 力学編

1.1 2022 東京大学｜大問❶ ★★★★☆
潮汐力の謎が解ける！……8

1.2 2021 東京大学｜大問❶ ★★★★☆
ブランコの一番上手な漕ぎ方とは？……20

1.3 2022 岐阜大学｜大問❶ ★★★☆☆
うきとおもりの絶妙なバランス 〜釣りの道具の秘密〜……30

1.4 2023 慶應義塾大学（医学部）｜大問❶問3 ★☆☆☆☆
地上の空気の分子の数を数えてみよう！……35

1.5 2021 滋賀医科大学｜大問❷ ★★★★★
リニアを超える移動方法がある!?……37

1.6 2022 慶應義塾大学（理工学部）｜大問❶（1） ★★☆☆☆
振り子時計はまっすぐ立てないと使えない？……49

1.7 2022 長崎大学｜大問❶ - Ⅱ ★★☆☆☆
地震による車の転倒を防ぐには？……54

★☆☆☆☆	★★☆☆☆	★★★☆☆	★★★★☆	★★★★★

易 ←――――――――――――――――→ 難

※難易度は著者の主観による目安であり、大学が設定したものではありません。

1.1

2022 東京大学 | 大問 ❶

潮汐力の謎が解ける!

　ここでは、地球上で潮の満ち引きが起こる仕組みについて考えてみましょう。海水の高さは、時間とともに変化します。これは「月の影響で起こる」ことはよく知られています。ただし、実際には月だけでなく太陽も影響しています。

　また、地表面上の月に近い側で海水が盛り上がるのは「月からの引力のため」と理解できても、月から遠い側でも海水が盛り上がる理由は理解しにくいものです。

　今回取り上げる2022年に東京大学で出題された問題を解いてみると、このような潮汐力に関する疑問が解決します。順に考えてみましょう。

問題引用

　地球表面上の海水は，地球からの万有引力の他に，月や太陽からの引力，さらに地球や月の運動によって引き起こされる様々な力を受ける。これらの力の一部が時間とともに変化することで，潮の満ち干が起こる（潮汐運動）。ここでは，地球の表面に置かれた物体に働く力について，単純化したモデルで考察しよう。なお，万有引力定数を G とし，地球は質量 M_1 で密度が一様な半径 R の球体とみなせるとする。以下の設問I，II，IIIに答えよ。

I　地球の表面に置かれた物体は地球の自転による遠心力を受ける。地球の自転周期を T_1 とするとき，以下の設問に答えよ。

(1)　質量 m の質点が赤道上のある地点Eに置かれたときに働く遠心力の大きさ f_0 ，および北緯45°のある地点Fに置かれたときに働く遠心力の大きさ f_1 を求め，それぞれ m, R, T_1 を用いて表せ。

8

1.1 潮汐力の謎が解ける！

(2) 設問 I (1) の地点Eにおける、地球の自転による遠心力の効果を含めた重力加速度 g_0 を求め、G, M_1, R, T_1 を用いて表せ。

I (1)

まずは、点Eについて考えます。赤道上に置かれた物体は、赤道上を等速円運動します。時間 T_1 で距離 $2\pi R$ の赤道を1周することから、円運動の速さは $\dfrac{2\pi R}{T_1}$ だとわかります。この値を用いて、点Eに置かれた物体にはたらく遠心力の大きさは、

$$f_0 = m \dfrac{\left(\dfrac{2\pi R}{T_1}\right)^2}{R} = \underline{\dfrac{4\pi^2 mR}{T_1^2}}$$

と求められます。

> **memo**
>
> 半径 R の円軌道を速さ v で運動する質量 m の物体にはたらく遠心力の大きさは $m\dfrac{v^2}{r}$ と表せます。

次に、点Fについて考えます。点Fは、次のように半径が $\dfrac{R}{\sqrt{2}}$ の円軌道上を運動します。

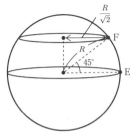

この円軌道の1周の距離は $2\pi \dfrac{R}{\sqrt{2}} = \sqrt{2}\pi R$ で、点Fの速さは $\dfrac{\sqrt{2}\pi R}{T_1}$ です。この値を用いて、点Fに置かれた物体にはたらく遠心力の大きさは、

第1章 力学編

$$f_1 = m \frac{\left(\frac{\sqrt{2}\pi R}{T_1}\right)^2}{\frac{R}{\sqrt{2}}} = \underline{\frac{2\sqrt{2}\pi^2 mR}{T_1{}^2}}$$

と求められます。

(2)

点Eに置かれた質量 m の質点は、地球から万有引力を受けます。地球からの万有引力の大きさは、地球の質量が地球の中心に集まっていると考えて求めることができ、 $G\dfrac{M_1 m}{R^2}$ です。また、質点には大きさ $\dfrac{4\pi^2 mR}{T_1{}^2}$ の遠心力もはたらきますが、これは地球からの万有引力とは逆向きです。点Eでは、これらの2つの力の合力が質点にはたらく重力（大きさ mg_0）と見えます。よって、

$$mg_0 = G\frac{M_1 m}{R^2} - \frac{4\pi^2 mR}{T_1{}^2}$$

の関係が成り立ち、ここから $g_0 = \underline{\dfrac{GM_1}{R^2} - \dfrac{4\pi^2 R}{T_1{}^2}}$ と求められます。

> ## ◀ Point ▶
>
> 私たちが地上で感じる重力は、地球からの万有引力と遠心力の合力です。遠心力の大きさは緯度によって異なるため、緯度により重力の大きさに差があります（それ以外にも、地球が完全な球形でないこと、密度が完全に一様ではないことなども影響しています）。

> ## ▶ここが面白い◀
>
> ここまでの設問を通して、同じ質量の物体でも地球上での置かれる位置によって重力（重力加速度）の大きさが異なることがわかります。重力が最大となるのは、遠心力の影響がない北極点や南極点ということになります。逆に、赤道上では遠心力の影響が最大となり重力が最小となります（ただし、実際には地球が完全な球形でないこと、地球の密度が完全に一様ではないことなどの影響も考慮する必要があります）。同じ人でも、測定場所によって示される体重（体が受ける重力の大きさ）が変わるのです。

2022 東京大学 | 大問 ❶

1.1 潮汐力の謎が解ける！

問題引用

II 次に，月からの引力と，月が地球の周りを公転運動することによって発生する力を考える。ここではこれらの力についてのみ考えるため，地球が自転運動しないという仮想的な場合について考察する。

月が地球の周りを公転するとき，地球と月は，地球と月の重心である点Oを中心に同一周期で円運動をすると仮定する（図1-1）。なお，図1-1において，この円運動の回転軸は紙面に垂直である。月は質量 M_2 の質点とし，地球の中心と月との距離を a とする。また，地球の中心および月から点Oまでの距離をそれぞれ a_1, a_2 とする。以下の設問に答えよ。

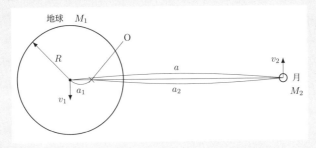

図 1-1

(1) 点Oから見た地球の中心および月の速さをそれぞれ v_1, v_2 とする。v_1 および v_2 を a, G, M_1, M_2 を用いて表せ。

II (1)

地球も月も互いに及ぼしあう万有引力（大きさ $G\dfrac{M_1 M_2}{a^2}$）によって、点Oのまわりを円運動します。よって、地球と月それぞれの円の中心方向の運動方程式は

$$M_1 \frac{{v_1}^2}{a_1} = G\frac{M_1 M_2}{a^2} \quad \cdots\cdots ①$$

$$M_2 \frac{{v_2}^2}{a_2} = G\frac{M_1 M_2}{a^2} \quad \cdots\cdots ②$$

と書けます。また、点Oは地球と月の重心であることから

$$a_1 = \frac{M_2 a}{M_1 + M_2} \quad \cdots\cdots ③$$

$$a_2 = \frac{M_1 a}{M_1 + M_2} \quad \cdots\cdots ④$$

と表せます。③を①へ代入して整理すると $v_1 = M_2 \sqrt{\dfrac{G}{a(M_1 + M_2)}}$、④を②へ代入して整理すると $v_2 = M_1 \sqrt{\dfrac{G}{a(M_1 + M_2)}}$ とそれぞれ求められます。

> **問題引用**
>
> (2) 点Oを原点として固定した xy 座標系を，図1-2(a)のように紙面と同一平面にとる。時刻 $t=0$ において，座標が $(-a_1 - R, 0)$ である地球表面上の点を点Xとする。月の公転周期を T_2 とするとき，時刻 t における点Xの座標を，a_1, R, T_2, t を用いて表せ。ただし，地球の自転を無視しているため，時刻 $t=0$ 以降で図1-2(b), (c)のように位置関係が変化することに注意せよ。
>
> (3) 設問II (2) の点Xに，M_1 および M_2 に比して十分に小さい質量 m の質点が置かれているときを考える。この質点について，地球が点Oを中心

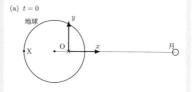

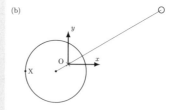

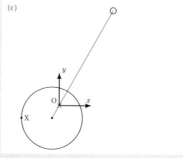

図1-2

とした円運動をすることで生じる遠心力の大きさ f_C を求め、G, m, M_2, a を用いて表せ。

---

(2)

点Xの x 座標は地球の中心の x 座標よりも R だけ小さく、y 座標は地球の中心の y 座標と等しくなります。

点Oからは、地球の中心は月と同じく周期 T_2 で円運動して見えます。

よって、時刻 t の地球の中心の座標は $\left(-a_1 \cos \dfrac{2\pi t}{T_2}, -a_1 \sin \dfrac{2\pi t}{T_2}\right)$ となるため、点Xの座標は $\underline{\left(-a_1 \cos \dfrac{2\pi t}{T_2} - R, -a_1 \sin \dfrac{2\pi t}{T_2}\right)}$ となります。

(3)

地球の中心は点Oを中心に半径 a_1、速さ v_1 の円運動をします。点Xの位置は地球の中心から x 軸負方向に R だけずれていることから、点Xは点 $(-R, 0)$ を中心として半径 a_1、速さ v_1 の円運動をすることがわかります。

よって、点Xに置かれた質量 m の質点にはたらく遠心力は、点 $(-R, 0)$ から遠ざかる向きであり、大きさは、

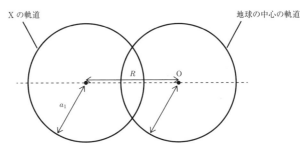

$$f_C = m\dfrac{v_1{}^2}{a_1} = \underline{\dfrac{GM_2 m}{a^2}}$$

と求められます((1)の式①より $\dfrac{v_1{}^2}{a_1} = \dfrac{GM_2}{a^2}$ を代入しました)。

第1章 力学編

問題引用

(4) ある時刻において，地球表面上で月から最も遠い点をP，月に最も近い点をQとする。質量 m の質点を点Pおよび点Qに置いて場合に，質点に働く遠心力と月からの万有引力の合力の大きさをそれぞれ f_P, f_Q とする。f_P, f_Q を G, m, M_2, a, R を用いて表せ。また，点Pおよび点Qにおける合力の向きは月から遠ざかる方向か，近づく方向かをそれぞれ答えよ。

(4)

(3)での考察から、X以外の地球表面上の点も中心位置は異なるものの半径 a_1、速さ v_1 の円運動をすることがわかります。よって、質量 m の質点が地球表面上のどの点に置かれたときにも大きさ $\dfrac{GM_2m}{a^2}$ の遠心力がはたらき、その向きは地球の中心で受ける遠心力と同じ向きです。

地球の中心に置かれた質点には、点Oから遠ざかる向き、すなわち月から遠ざかる向きに遠心力がはたらきます。よって、点P、Qにも月から遠ざかる向きに遠心力がはたらきます。

また、点P、Qの月からの距離はそれぞれ $a + R$、 $a - R$ であり、月からの万有引力の大きさはそれぞれ $\dfrac{GM_2m}{(a+R)^2}$、$\dfrac{GM_2m}{(a-R)^2}$ となります。

以上のことから、

点P：遠心力 $\dfrac{GM_2m}{a^2}$ ＞ 万有引力 $\dfrac{GM_2m}{(a+R)^2}$

点Q：遠心力 $\dfrac{GM_2m}{a^2}$ ＜ 万有引力 $\dfrac{GM_2m}{(a-R)^2}$

であり、Pでは月から遠ざかる向きに大きさ

$$f_P = \frac{GM_2m}{a^2} - \frac{GM_2m}{(a+R)^2} = GM_2m\left\{\frac{1}{a^2} - \frac{1}{(a+R)^2}\right\}$$

の合力が、Qでは月に近づく向きに大きさ

$$f_Q = \frac{GM_2 m}{(a-R)^2} - \frac{GM_2 m}{a^2} = GM_2 m \left\{ \frac{1}{(a-R)^2} - \frac{1}{a^2} \right\}$$

の合力がはたらくことがわかります。

▶**ここが面白い**◀

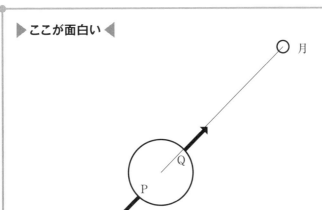

ここまでの考察から、地球表面上の月に近い側と遠い側で、合力が逆向きとなることがわかります。このような力は潮汐力と呼ばれ、地球を次のように変

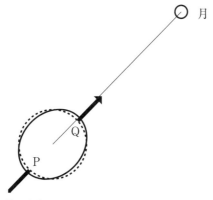

形させるはたらきを持ちます。

潮汐力によって起こるのが、潮の満ち引きです。月との位置関係が変わるために、満潮と干潮とが訪れるのです。

なお、合力の大きさは $|x| \ll 1$ のとき $(1+x)^n \fallingdotseq 1+nx$ であることを用いると

$$f_P = \frac{GM_2 m}{a^2}\left\{1-\left(1+\frac{R}{a}\right)^{-2}\right\} \fallingdotseq \frac{GM_2 m}{a^2}\left\{1-\left(1-\frac{2R}{a}\right)\right\} = \frac{2GM_2 mR}{a^3}$$

$$f_Q = \frac{GM_2 m}{a^2}\left\{\left(1-\frac{R}{a}\right)^{-2}-1\right\} \fallingdotseq \frac{GM_2 m}{a^2}\left\{\left(1+\frac{2R}{a}\right)-1\right\} = \frac{2GM_2 mR}{a^3}$$

と近似でき、$f_P \fallingdotseq f_Q$ だとわかります。潮の満ち引きにおいて、月に近い点Qで月からの引力によって海水が盛り上がるのはわかりやすいですが、月から遠い点Pでも海水が盛り上がる理由はわかりにくいものです。

今回の考察を通して、月からの万有引力と遠心力の合力を考えることでその理由がわかり、かつPとQで受ける合力の大きさが等しいことから海水の盛り上がりもほぼ等しくなることが理解できます。

問題引用

III さらに、太陽からの引力と、地球の公転運動によって発生する力について考える。これらの力についても設問IIと同様に考えられるものとする。なお、地球と太陽の重心を点O'とする。太陽は質量M_3の質点とし、地球の中心と太陽の距離をbとする。

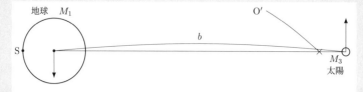

図1-3

図1-3のように、ある時刻において地球表面上で太陽から最も遠い点をSとする。質量mの質点が点Sに置かれたとき、地球が点O'を中心とした円運動をすることで生じる遠心力と太陽からの万有引力の合力の大きさをf_Sとする。設問II(4)で求めたf_Pに対するf_Sの比は以下のように見積もることができる。

2022 東京大学 | 大問❶

1.1 潮汐力の謎が解ける！

$$0.\boxed{ア} < \frac{f_S}{f_P} < 0.\boxed{イ}$$

$\boxed{ア}$と$\boxed{イ}$には連続する1桁の数字が入る。表1-1の中から必要な数値を用いて計算し、$\boxed{ア}$に入る数字を答えよ。

地球の質量	M_1	6.0×10^{24} kg
月の質量	M_2	7.3×10^{22} kg
太陽の質量	M_3	2.0×10^{30} kg
地球の中心と月との距離	a	3.8×10^8 m
地球の中心と太陽との距離	b	1.5×10^{11} m
地球の半径	R	6.4×10^5 m
万有引力定数	G	6.7×10^{-11} m^3/(kg·s^2)

表 1-1

III

今度は、月ではなく太陽からの万有引力と、太陽のまわりを公転することで生じる遠心力について考えます。

質量 m の質点がSに置かれたときに受ける合力の大きさ f_S は、設問Ⅱ(4)で求めた f_P の中の a（地球の中心の月からの距離）を b（地球の中心の太陽からの距離）に、M_2（月の質量）を M_3（太陽の質量）に置き換えて

$$f_S = GM_3m \left\{ \frac{1}{b^2} - \frac{1}{(b+R)^2} \right\}$$

と求められます。

ここで、先ほど説明した近似計算を用いて

$$f_P \fallingdotseq \frac{2GM_2mR}{a^3}$$

および

17

$$f_S \fallingdotseq \frac{2GM_3 mR}{b^3}$$

とすると、

$$\frac{f_S}{f_P} = \frac{a^3 M_3}{b^3 M_2} = \frac{(3.8 \times 10^8)^3 \times 2.0 \times 10^{30}}{(1.5 \times 10^{11})^3 \times 7.3 \times 10^{22}} \fallingdotseq 0.45$$

すなわち $0.4 < \dfrac{f_S}{f_P} < 0.5$ と求められます。

> ▶ **ここが面白い** ◀
>
> この結果は、地球が太陽から受ける潮汐力の大きさは、月から受ける潮汐力の大きさの半分にも満たないことを示しています。地球上では、太陽よりも月からの潮汐力の影響を大きく受けているのです。
>
> なお、地球、月、太陽が一直線上に並ぶように位置するときには、両者からの潮汐力が強めあい、潮の満ち引きも大きくなります。
>
>
>
>
>
> ※ 太陽は月に比べて地球から遠いため、小さく描いています。
>
> 逆に、次のような位置関係のときには両者からの潮汐力が弱め合うことになり、潮の満ち引きは小さくなります。

1.1 2022 東京大学 | 大問 ❶

潮汐力の謎が解ける！

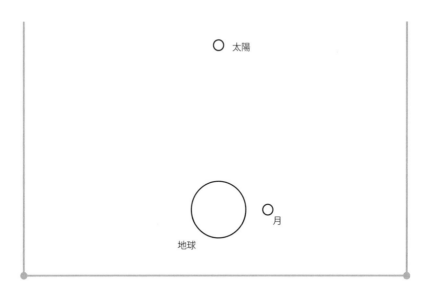

1.2 2021 東京大学 | 大問❶
ブランコの一番上手な漕ぎ方とは？

　ブランコは、幼い頃から簡単に遊ぶことのできる、誰にでも馴染みのあるものと言えるでしょう。誰かに押してもらいながら大きく揺れるという楽しみもあります。

　さて、「ブランコを漕ぐ」と言われる通りブランコはただ乗っているだけではなく、乗り方に上手下手があるようです。上手く漕げば、誰かに押してもらうことがなくても大きく揺れることができます。他からのはたらきかけがないにもかかわらず振れ幅が大きくなるのは不思議な感じがしますが、その理由は物理学で解き明かすことができます。

　今回の問題は、ブランコの漕ぎ方について真面目に考察するものです。ブランコ遊びのコツを知ることができるかもしれません。

問題引用

　図1-1に示すようなブランコの運動について考えてみよう。ブランコの支点をOとする。ブランコに乗っている人を質量 m の質点とみなし、質点Pと呼ぶことにする。支点Oから水平な地面におろした垂線の足をGとする。ブランコの長さOPを l ，支点Oの高さOGを $l+h$ とする。ブランコの振れ角∠GOPを θ とし，θ はOGを基準に反時計回りを正にとる。重力加速度の大きさ

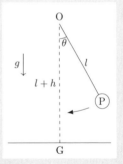

図1-1

を g とする。また，ブランコは紙面内のみでたわむことなく運動するものとし，ブランコの質量や摩擦，空気抵抗は無視する。

I　以下の文章の ア ～ ウ にあてはまる式を，それぞれ直後の括弧内の文字を用いて表せ。

$\underline{\quad 1.2 \quad}$	**2021 東京大学｜大問❶**
	ブランコの一番上手な漕ぎ方とは？

質点Pが $\theta = \theta_0$ から静かに運動を開始したとする。支点Oにおける位置エネルギーを0とすると，運動を開始した時点における質点Pの力学的エネルギーは $\boxed{\quad \text{ア} \quad}$ （ l, θ_0, m, g ）で与えられる。角度 θ における力学的エネルギーは，そのときの質点Pの速さを u として $\boxed{\quad \text{イ} \quad}$ （ u, l, θ, m, g ）で与えられる。力学的エネルギー保存則から，$u = \boxed{\quad \text{ウ} \quad}$ （ l, θ_0, θ, g ）となる。

$\boxed{\text{ア}}$

まずは、ブランコに乗っているときの速さの変化について考えます。振れ幅を大きくすればブランコの速度も大きくなりますが、その関係を具体的に考えます。

スタート時、質点の運動エネルギーは0であり、支点より $l\cos\theta_0$ だけ低い位置であることから位置エネルギーは $-mgl\cos\theta_0$ となります。よって、力学的エネルギーは両者の和として $\underline{-mgl\cos\theta_0}$ と求められます。

> **memo**
>
> 基準面から高さ h の位置に質量 m の物体があるときの重量による位置エネルギーは mgh となります。

$\boxed{\text{イ}}$

角度 θ のときには、位置エネルギーは $-mgl\cos\theta$ となります。また、運動エネルギーは $\dfrac{1}{2}mu^2$ であり、力学的エネルギーは両者の和として $\underline{\dfrac{1}{2}mu^2 - mgl\cos\theta}$ と求められます。

> **memo**
>
> 速さ v で運動する質量 m の物体の運動エネルギーは $\dfrac{1}{2}mv^2$ となります。

$\boxed{\text{ウ}}$

運動開始時と角度 θ のときについて、力学的エネルギー保存則

第1章 力学編

$$-mgl\cos\theta_0 = \frac{1}{2}mu^2 - mgl\cos\theta$$

が成り立ち、ここから $u = \sqrt{2gl(\cos\theta - \cos\theta_0)}$ と求められます。

u の値は $\theta = 0$ のときに最大、すなわちブランコの速さは最下点で最大となることを示しています。

問題引用

II ブランコに二人が乗った場合を考えよう。質量 m_A の質点Aと、質量 m_B の質点Bを考える。図1–2に示すように、初期状態ではAとBが合わさって質点Pをなしているとし、質点Pが $\theta = \theta_0$ から静かに運動を始めたとする。$\theta = 0$ においてAはブランコを飛び降り、速さ v_A で水平に運動を始めた。一方、Aが飛び降りたことにより、Bを乗せたブランコは $\theta = 0$ でそのまま静止した。その後AはG′に着地した。

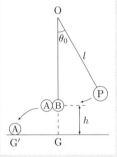

図1-2

(1) Aが飛び降りる直前の質点Pの速さを v_0 として、v_A を v_0, m_A, m_B を用いて表せ。

(2) 距離GG′ を l, h, θ_0, m_A, m_B を用いて表せ。また、$l = 2.0\,\mathrm{m}$, $h = 0.30\,\mathrm{m}$, $\cos\theta_0 = 0.85$, $m_A = m_B$ のとき、距離GG′ を有効数字2桁で求めよ。

(1)

Aが飛び降りる瞬間について、運動量保存則

$$(m_A + m_B)v_0 = m_A v_A + m_B \cdot 0$$

が成り立ち、ここから $v_A = \dfrac{m_A + m_B}{m_A} v_0$ と求められます。

> memo
>
> 物体の運動量は質量と速度の積であり、分裂前後で2物体の運動量の和は一定となります。

(2)

飛び降りた後のAは、水平方向の初速度を持つ放物運動をします。よって、鉛直方向には自由落下をし、飛び降りてから着地までの時間を t とすると、

$$\frac{1}{2}gt^2 = h$$

より $t = \sqrt{\dfrac{2h}{g}}$ とわかります。

この間Aは水平方向には一定速度 v_A で運動するので、

$$GG' = v_A \sqrt{\frac{2h}{g}} = \frac{m_A + m_B}{m_A} v_0 \sqrt{\frac{2h}{g}}$$

となります。I（ウ）で $\theta = 0$ とした u の値が v_0 を示すことから

$v_0 = \sqrt{2gl(1 - \cos\theta_0)}$ であり、これを代入して

$$GG' = \frac{2(m_A + m_B)}{m_A} \sqrt{hl(1 - \cos\theta_0)}$$ と求められます。

そして、ここへ設問文で示された値を代入すると、

$$GG' = \frac{2(m_A + m_B)}{m_A} \sqrt{0.30 \times 2.0 \times (1 - 0.85)} = \underline{1.2\,\mathrm{m}}$$

と求められます。

第1章 力学編

> ▶ここが面白い◀
>
> 今回の設定では、ブランコを飛び出す位置は 0.30m とたいした高さではありませんが、その4倍の 1.2m も離れたところへ着地します。ブランコに乗って速度を持っている状態で、かつ飛び降りるときに速度を増すことでこのような運動が実現することがわかります。実際にこれを行うのは少し危険かもしれませんが。

問題引用

III ブランコをこぐことを考えよう。ブランコに乗った人が運動の途中で立ち上がったりしゃがみこんだりすることで、ブランコの振れ幅が変化していく。

まず図1-3に示すように、人がブランコで一度だけ立ち上がることを以下のように考える。質量 m の質点Pが $\theta = \theta_0 (\theta_0 > 0)$ から静かに運動を始めた。次に角度 $\theta = \theta'$ において人が立ち上がったことにより、OPの長さが l から $l - \Delta l$ へと瞬時に変化したとする($\Delta l > 0$)。OPの長さが変化する直前のPの速さを v とし、直後の速さを v' とする。その後、OPの長さが $l - \Delta l$ のままPは運動を続け、角度 $\theta = -\theta'' (\theta'' > 0)$ で静止した。ただし以下では、ブランコの振れ角 θ は常に十分小さいとして、$\cos\theta \simeq 1 - \dfrac{\theta^2}{2}$ と近似できることを用いよ。

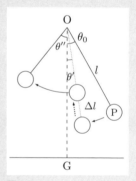

図1-3

(1) $(\theta'')^2$ を v', l, Δl, θ', g を用いて表せ。

(1)

角度 $\theta = \theta'$ のときに人が立ち上がってから $\theta = -\theta''$ で静止するまで、力学的エネルギー保存則が成り立ちます。このことは、

$$\frac{1}{2}mv'^2 - mg(l - \Delta l)\cos\theta' = -mg(l - \Delta l)\cos\theta''$$

と表せます。ここへ $\cos\theta' \fallingdotseq 1 - \dfrac{(\theta')^2}{2}$ 、 $\cos\theta'' \fallingdotseq 1 - \dfrac{(\theta'')^2}{2}$ を代入して

整理すると、

$$(\theta'')^2 \fallingdotseq (\theta')^2 + \frac{(v')^2}{g(l - \Delta l)}$$

と求められます。

　θ' で立ち上がった直後には速度を持っているため、 $\theta'' > \theta'$ となるのは当然です。では、 θ'' と θ_0 の大小関係はどうなるのでしょう。続く設問で考えます。

問題引用

　OPの長さが変化する前後に関して以下のように考えることができる。長さOPの変化が十分速ければ、瞬間的にOP方向の強い力が働いたと考えられる。Oを中心とした座標系で考えると、この力は中心力なので、面積速度が長さOPの変化の前後で一定であるとしてよい。つまり $\dfrac{1}{2}(l - \Delta l)v' = \dfrac{1}{2}lv$ が成り立つ。

(2) $(\theta'')^2$ を $l, \Delta l, \theta_0, \theta'$ を用いて表せ。

(3) θ'' を最大とする θ' と、その時の θ'' を、 $l, \Delta l, \theta_0$ を用いて表せ。

---

(2)

　設問文で示された面積速度一定の式から、人が立ち上がった後の速さ

$v' = \dfrac{l}{l - \Delta l}v$ となることがわかります。

第 1 章　力学編

さらに、Iから $v = \sqrt{2gl(\cos\theta' - \cos\theta_0)}$ であり、 $\cos\theta' \fallingdotseq 1 - \dfrac{(\theta')^2}{2}$ 、

$\cos\theta_0 \fallingdotseq 1 - \dfrac{\theta_0{}^2}{2}$ も用いると、

$$
\begin{aligned}
v' &= \frac{l}{l-\Delta l} v = \frac{l}{l-\Delta l} \sqrt{2gl(\cos\theta' - \cos\theta_0)} \\
&= \frac{l}{l-\Delta l} \sqrt{gl\left(\theta_0{}^2 - (\theta')^2\right)}
\end{aligned}
$$

となり、これを (1) で求めた関係式へ代入して、

$$
\begin{aligned}
(\theta'')^2 &\fallingdotseq (\theta')^2 + \frac{(v')^2}{g(l-\Delta l)} \\
&= \left\{ 1 - \left(\frac{l}{l-\Delta l}\right)^3 \right\}(\theta')^2 + \left(\frac{l}{l-\Delta l}\right)^3 \theta_0{}^2
\end{aligned}
$$

と求められます。

　人が立ち上がるときに力学的エネルギーが増加するのは、立ち上がるときにOに向かって力を受け、仕事をされるからです。

　人とともに運動する視点からは、Oに向かって遠心力と重力の合力とつりあう力がはたらいてOPが短くなると理解できます（OP方向の力がつりあわなければ、人にはOP方向の速度も生じることになるからです）。OPの長さが l から $l - \Delta l$ へ変化するまでの間に遠心力と重力の合力とつりあう力がする仕事は、

$$
\begin{aligned}
\int_l^{l-\Delta l} \left\{ m\frac{\left(\frac{l}{r}v\right)^2}{r} + mg\cos\theta' \right\}(-\mathrm{d}r) &= \left[\frac{l^2 mv^2}{2r^2} - mgr\cos\theta' \right]_l^{l-\Delta l} \\
&= \frac{1}{2}m\left(\frac{l}{l-\Delta l}v\right)^2 - \frac{1}{2}mv^2 + mg\Delta l\cos\theta'
\end{aligned}
$$

と求められます。

　さて、人が立ち上がるときには運動エネルギーが

$\dfrac{1}{2}m\left(\dfrac{l}{l-\Delta l}v\right)^2 - \dfrac{1}{2}mv^2$ 、位置エネルギーが $mg\Delta l\cos\theta'$ だけ変化します。

　すなわち、ここで求めた仕事は人が立ち上がるときの力学的エネルギーの変化と一致するのです。

26

2021 東京大学｜大問❶

1.2 ブランコの一番上手な漕ぎ方とは？

途中で人が立ち上がることでブランコの振れ幅が大きくなりますが、これは人が立ち上がるときに生み出すエネルギーによって起こる現象なのだとわかります。

(3)

(2)で求めた関係式において $1 - \left(\dfrac{l}{l-\Delta l}\right)^3 < 0$ なので、$(\theta'')^2$ が最大（θ'' が最大）となるのは $\theta' = 0$ のときだとわかります。すなわち、最下点で人が立ち上がるときに、最も振れ幅が大きくなるのです。このとき、

$$(\theta'')^2 = \left(\frac{l}{l-\Delta l}\right)^3 {\theta_0}^2$$

より $\theta'' = \left(\dfrac{l}{l-\Delta l}\right)^{\frac{3}{2}} \theta_0$ と求められます。

この関係は、θ_0 の値によらず成り立ちます。すなわち、人が最下点で高さ Δl だけ立ち上がるとき、振れ角が $\left(\dfrac{l}{l-\Delta l}\right)^{\frac{3}{2}}$ 倍になるのです。

さて、このようなことを何度も繰り返せば、ブランコの振れ幅はどんどん大きくなっていきそうです。ただし、人が何度も立ち上がるには、何度もしゃがまなければなりません。立ち上がるときには力学的エネルギーが増加しますが、逆にしゃがむときには減少することになるでしょう。それでも振れ幅を大きくしていくには、どうしたらよいのでしょう？　続く設問で、その方法が示されます。

問題引用

次に，人が何度も立ち上がったりしゃがみこんだりしてブランコをこぐことを，以下のようなサイクルとして考えてみよう。n 回目のサイクル $C_n(n \geqq 1)$ を次のように定義する。

「$\theta = \theta_{n-1}$ で静止した質点Pが OP の長さ l で静かに運動を開始する。

27

第 1 章	力学編

$\theta = 0$ において立ち上がりOPの長さが l から $l - \Delta l$ へと瞬時に変化する。質点Pは OP の長さ $l - \Delta l$ のまま角度 $\theta = -\theta_n$ で静止した後，逆向きに運動を始め，角度 $\theta = \theta_n$ で再び静止する。このとき，$\theta = \theta_n$ でしゃがみこみ，OP の長さは $l - \Delta l$ から再び l へと瞬時に変化する。」

1回目のサイクルを始める前，質点Pは $\theta = \theta_0 (\theta_0 > 0)$ にあり，OPの長さは l だった。その後，サイクル C_1 を開始し，以下順次 C_2，C_3 …と運動を続けていくものとする。

(4) n 回目のサイクルの後のブランコの角度 θ_n を，l，Δl，θ_n，n 用いて表せ。

(5) $\dfrac{\Delta l}{l} = 0.1$ のとき，N 回目のサイクルの後に，初めて $\theta_N \geqq 2\theta_0$ となった。N を求めよ。ただし $\log_{10} 0.9 \fallingdotseq -0.046$，および $\log_{10} 2 \fallingdotseq 0.30$ であることを用いてもよい。

(4)

　示されている方法では、人は最下点で立ち上がり、折り返し点でしゃがみます。実は、これが振れ幅を大きくするのに最も効率的な立ち上がりとしゃがみこみのタイミングなのです。

　最下点で立ち上がることで最も振れ幅を増加させられることについては、(3) で考察しました。では、しゃがむタイミングはどうでしょう？折り返し点では、瞬間的に速さが 0 となるため遠心力は 0 で最小となります。また、重力の OP 方向成分も最小となります。よって、人がしゃがむときに遠心力と重力の合力とつりあう力の仕事（< 0）の絶対値は最小となる、すなわち力学的エネルギーの減少が最小となるのです。そのため、折り返し点でしゃがむのが最もよいということになります。

　(3) の考察から 1 サイクルを経過すると振れ角が $\left(\dfrac{l}{l - \Delta l} \right)^{\frac{3}{2}}$ 倍になるとわかります。このことは、折り返し点で人がしゃがんでも変わりません。しゃがむことで角度は変わらず、速さも 0 のまま変わらないためです

2021 東京大学 | 大問❶

1.2 ブランコの一番上手な漕ぎ方とは？

（折り返し点では面積速度が 0 であり、OP の長さが変わっても速さは 0 であることがわかります）。

よって、 $\theta_n = \left(\dfrac{l}{l - \Delta l}\right)^{\frac{3}{2}n} \theta_0$ と求められます。

（5）

（4）で求めた関係式へ $\dfrac{\Delta l}{l} = 0.1$ を代入すると $\theta_n = \left(\dfrac{1}{0.9}\right)^{\frac{3}{2}n} \theta_0$ となります。よって、求める条件は $\left(\dfrac{1}{0.9}\right)^{\frac{3}{2}n} \theta_0 \geqq 2\theta_0$

整理して $2 \times 0.9^{\frac{3}{2}n} \leqq 1$ となり、両辺の対数をとって、

$$\log_{10} 2 + \frac{3}{2} n \log_{10} 0.9 \leqq 0$$

与えられた数値を代入して $n \geqq 4.3\cdots$ となり、 $N = 5$ とわかります。

▶ここが面白い◀

$\dfrac{\Delta l}{l} = 0.1$ は、ブランコの長さの $\dfrac{1}{10}$ の分だけ立ち上がることを示します。それほどの高さではないでしょう。これを 5 回繰り返すことで、振れ角が 2 倍を超えるのだとわかります。もちろん、実際には空気抵抗の影響、支点を通してエネルギーが散逸する影響などがありますが、コツを理解してブランコを漕ぐことで振れ幅を大きくできることがわかります。

1.3 2022 岐阜大学 | 大問❶
うきとおもりの絶妙なバランス
〜釣りの道具の秘密〜

問題引用

図1に示すように密度 ρ_0〔kg/m³〕の液体に浮いている，円柱形の「うき」について考える。うきの下端には細い糸を介しておもりを取り付けてある。うきは一様な密度 ρ_f〔kg/m³〕（$\rho_f < \rho_0$）の素材でできており，十分に細長く，その長さを l〔m〕，底面積を S〔m²〕とする。

おもりは一様な密度 ρ_f〔kg/m³〕（$\rho_w > \rho_0$）の素材でできており，その体積を V〔m³〕とする。液体を入れている容器の大きさは，うきとおもりの大きさに比べて十分に大きく，おもりは容器の底から十分に離れているものとする。糸の伸縮，体積，質量は無視できるものとし，空気の密度，空気や液体による抵抗，液体の表面張力，液面の波立ちは無視する。重力加速度の大きさを g〔m/s²〕とする。

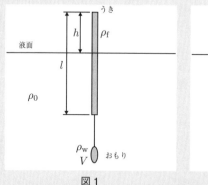

図1

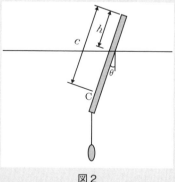

図2

いま，うきの上端は液面より上にあり，鉛直に立った状態で静止している。

問1　おもりが受ける浮力の大きさ b_w〔N〕を求めよ。

問2　うきとおもりからなるこの系について，系に作用する重力と浮力のつり合いを考えることで，うきの上端から液面までの距離 h〔m〕を求めよ。

次に，この静止状態から，おもりを手でつまんでゆっくりと x〔m〕だ

| | **2022 岐阜大学｜大問❶** |
| 1.3 | うきとおもりの絶妙なバランス
〜釣りの道具の秘密〜 |

け引き下げた。このとき，手がおもりに加えている力の大きさを
f_r〔N〕とする。ただし，うきの上端は液面より上にあるとする。

問3 f_r を求めよ。

その後，静かに手をはなしたところ，糸はゆるむことなく，またうきの下端が液中から飛び出すこともなく，上下に周期 T〔s〕の単振動を始めた。

問4 T を求めよ。

問1

おもりが受ける浮力の大きさは $\rho_0 V g$ と求められます。

> **memo**
>
> おもりの密度 ρ_w ではなくおもりに浮力を及ぼす液体の密度 ρ_0 を用いることに注意が必要です。

問2

「うき+おもり」にはたらく重力の大きさは $\rho_f S l g + \rho_w V g$ です。また、「うき+おもり」にはたらく浮力の大きさは $\rho_0 \{S(l-h) + V\} g$ です（うきには、液体に沈んでいる部分にだけ浮力がはたらくことに注意が必要です）。重力と浮力のつりあいは、

$$\rho_f S l g + \rho_w V g = \rho_0 \{S(l-h) + V\} g$$

より $h = \dfrac{\rho_0(Sl + V) - (\rho_f Sl + \rho_w l)}{\rho_0 S}$ と求められます。

問3

おもりを x だけ引き下げるとき、うきの液体に沈む部分の体積が Sx だけ増加します。そのため、浮力の大きさが $\rho_0 S x g$ だけ大きくなります。

よって、うきとおもりを静止させるためには大きさ $f_r = \rho_0 S x g$ の力を鉛直下向きに加えればよいことがわかります。

問4

「うき+おもり」にはたらく力は、うきが液面から高さ h だけ出ている

31

第 1 章 力学編

ときにつりあいます。ここから位置が鉛直下向きに x だけずれたときに、「うき＋おもり」には鉛直上向きに大きさ $\rho_0 Sxg$ の力がはたらくのです。これはつりあいの位置に向かい、大きさがつりあいの位置からのずれ x に比例することから、復元力の条件を満たすことがわかります。

「うき＋おもり」がつりあいの位置より鉛直上向きに x だけずれたときには、浮力の大きさが $\rho_0 Sxg$ だけ小さくなるため、「うき＋おもり」にはたらく合力は鉛直下向きに大きさ $\rho_0 Sxg$ となります。やはり、復元力がはたらくことがわかります。

以上のことから「うき ＋ おもり」は単振動することがわかり、その周期 T は復元力の比例定数 $\rho_0 Sg$ と「うき ＋ おもり」の質量 $\rho_f Sl + \rho_w V$ を用いて $T = 2\pi \sqrt{\dfrac{\rho_f Sl + \rho_w V}{\rho_0 Sg}}$ と求められます。

---

memo

　つりあいの位置に向かい、大きさがつりあいの位置からのずれ x に比例する力を「復元力」といいます。このとき、物体の質量が m、復元力の大きさが kx だと、単振動の周期は $2\pi \sqrt{\dfrac{m}{k}}$ となります。

問題引用

　再びうきが鉛直に立っている静止状態について考える。うきが安定して立つための条件，すなわち，うきを傾けても元に戻る条件は，おもりの体積 V がある一定値 $V_0 \,[\mathrm{m^3}]$ より大きいことである。この条件について考えよう。以下では，うきが鉛直に立った静止状態における上端から液面までの距離 h を用いてよい。

問5　図2に示すように，上端から液面までの距離 h を保ったまま，うきを鉛直方向からわずかに角度 $\theta \,[\mathrm{rad}]$ だけそっと傾けたとき，うきが受ける浮力の作用点Cの位置を，うきの上端からの距離 $c \,[\mathrm{m}]$ として求めよ。なお，物体が受ける浮力の作用点は，その物体の各部分にはたらく浮力の合

32

力が作用する点である。
問6　力のモーメントについて考えることで，V_0を求めよ。

問5
　うきは一様なので、うきが受ける浮力の作用点（浮力の合力の作用点）Cは、うきの液体に沈んだ部分の中心点となります。
うきの液体中に沈んだ部分の長さは$l-h$なので、点Cのうきの上端からの距離cは

$$c = h + \frac{l-h}{2} = \underline{\frac{l+h}{2}}$$

と求められます。

問6
　問5ではうきが受ける浮力について考えましたが、おもりも浮力を受けます。「うき+おもり」について考えるときにはそれぞれが受ける浮力の合力を考える必要があり、その作用点は右のように求められます。

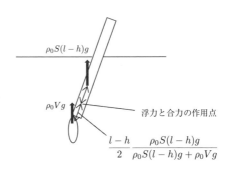

　また、「うき+おもり」にはたらく重力の合力の作用点は右図のようになります。

※剛体にはたらく力は作用線上で移動させて考えることができるため、糸の長さは無視して描いています。

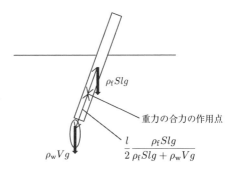

　うき（「うき+おもり」）が安定するのは、「うき+おもり」にはたらく重

第1章 力学編

力と浮力（偶力となる）のモーメントが反時計回りであればよいことから、
求める条件は、

$$\frac{l-h}{2}\frac{\rho_0 S(l-h)g}{\rho_0 S(l-h)g+\rho_0 Vg} > \frac{l}{2}\frac{\rho_{\mathrm{f}}Slg}{\rho_{\mathrm{f}}Slg+\rho_{\mathrm{w}}Vg}$$

より $V > \dfrac{\rho_{\mathrm{f}}Slh(l-h)}{\rho_{\mathrm{w}}(l-h)^2-\rho_{\mathrm{f}}l^2} = V_0$ だとわかります。

▶**ここが面白い**◀

　うきに対しておもりが大きいほど（あるいは、おもりに対してうきが小さいほど）うきの姿勢が安定することがわかります。ただし、おもりに対してうきが小さくなりすぎると、浮力が足りず浮くことができなくなります。浮くことができる範囲でなるべくうきを小さくする、そのようなおもりとうきとのバランスが大切であることがわかります。

34

1.4

2023 慶應義塾大学（医学部）｜大問❶問3

地上の空気の分子の数を数えてみよう！

　今回扱うのは、「地球上にある空気の分子の数を求めよう」という問題です。とても膨大なことを考える話ではありますが、意外と簡単に求めることができます。

問題引用

　地上に存在する全ての空気の分子の数（mol 数）を答えよ。ただし，地表での大気圧を P〔Pa〕，空気を構成する分子1 molあたりの平均質量を m〔kg〕，地球を半径 r〔m〕の球，大気が存在する領域は r と比較して十分に小さく，この領域での重力加速度を g〔m/s^2〕とする。

　地球上の空気は、地表面を押しています。その力の大きさは、大気圧 P と地球の表面積 $4\pi r^2$ をかけて $4\pi r^2 P$ と求められます。

　この力は空気の分子が重力を受けるために生じていると考えることができます。つまり、地上の空気には重力と地表面が押し返す力がはたらいてつりあっていると考えるのです。このとき地表面が空気を押す力の大きさは、空気にはたらく重力の大きさと等しくなります。

　そして、作用反作用の法則から「地表面が空気を押す力の大きさ」と「空気が地表面を押す力の大きさ」は等しいこともわかります。結局、空気が地表面を押す力の大きさは空気にはたらく重力の大きさと等しいということになります。

　地上に存在する空気の mol 数を n とすると、空気の質量は mn となります。そして、重力の大きさは mng です。

　よって、$4\pi r^2 P = mng$ の関係が成り立つとわかり、

35

第1章 力学編

ここから $n = \dfrac{4\pi r^2 P}{mg}$ と求められます。

▶ここが面白い◀

さて、求めた式に実際の値を代入してみましょう。地球の半径 $r \fallingdotseq 6.4 \times 10^6$ m 、大気圧の大きさ $P \fallingdotseq 1.0 \times 10^5$ Pa 、空気 1 mol の平均質量 $m \fallingdotseq 2.9 \times 10^{-2}$ kg 、重力加速度の大きさ $g \fallingdotseq 9.8$ m/s^2 を代入して、

$$n \fallingdotseq \frac{4 \times 3.14 \times (6.4 \times 10^6)^2 \times 1.0 \times 10^5}{2.9 \times 10^{-2} \times 9.8} \fallingdotseq 1.8 \times 10^{20} \text{ mol}$$

と求められます。ここで、「1 mol の空気」とは「約 6.0×10^{23} 個の空気の分子の集まり」を表します。ここから、地上にある空気の分子の数はおよそ

$$6.0 \times 10^{23} \times 1.8 \times 10^{20} \fallingdotseq 1.1 \times 10^{44} \text{ 個}$$

と見積もることができるのです。まさに数えきれない数ですが、シンプルな考え方で求められることがわかりました。

36

1.5 2021 滋賀医科大学 大問❷
リニアを超える移動方法がある!?

　リニアモーターカーが開通したら、現在新幹線で1時間30分ほどかかる品川～名古屋間を40分ほどで移動できるようになってしまうそうです。ものすごい速さですね。

　さて、品川～名古屋間は直線距離で260 kmほど離れていますが、これを7分弱で移動できるものがあったらすごいですよね！　もちろんそのようなものは実現されていませんが、理論的には可能です。しかも、エネルギーの投入も必要ないのです（空気抵抗、摩擦などの影響を受けない場合）。これは、サイクロイド曲線と呼ばれる軌道を準備した場合の話です。サイクロイド曲線とは、直線上を滑らずに転がる円周上の1つの点が描く軌道のことです。

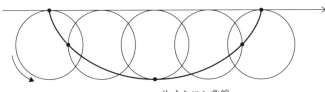

サイクロン曲線

　品川駅と名古屋駅をサイクロイド曲線で結んで、片側へ球を置いて滑らせたら7分ほどで反対側までたどり着いてしまうのです。

　本当に、そんなに早くたどり着けるのでしょうか？　今回登場するは、サイクロイド曲線上での物体の運動を考える問題です。どのようにして、サイクロイド曲線上を移動するのにかかる時間が求められるのでしょう？

問題引用

　以下の文中の □ に入る適当な式を，{ } に入る適当な語句の記号を記入し，設問に答えよ。
　サイクロイドとは，直線上を円が滑らずに回転するとき，円周上の一点が描

く軌跡である。それは xy 平面において，θ を用いて
$x = a(\theta + \sin\theta), y = a(1 - \cos\theta)$ (1)
と表されることが知られている（$-\pi \leqq \theta \leqq \pi$）。以下では，この曲線上を摩擦がなく重力の作用だけで動く物体の運動を考察する。

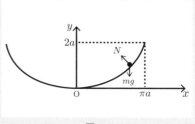

図1

　図1のように，曲線の最下点Oを原点として，鉛直上方を y 軸，水平方向を x 軸にとる。曲線上で物体の位置 (x, y) が θ によって式 (1) のように与えられるとき，θ の時間的な変化が物体の運動を表す。いま，時刻 t に物体が位置 (x, y) にあるとき，これからわずかに Δt だけ時間が経過すると θ も $\Delta\theta$ だけ変わり，位置が x, y からそれぞれ Δx，Δy だけ変化する。このとき，時刻 t での物体の速度 v の x, y 成分はそれぞれ
$v_1 = \dfrac{\Delta x}{\Delta t}$，$v_2 = \dfrac{\Delta y}{\Delta t}$ で与えられる。十分小さい $\Delta\theta$ に対して成り立つ近似式 $\sin(\theta + \Delta\theta) = \sin\theta + \Delta\theta \sin\theta$ (A1)，$\cos(\theta + \Delta\theta) = \cos\theta - \Delta\theta \sin\theta$ (A2) を用いると，式 (1) から x, y 成分は $\omega = \dfrac{\Delta\theta}{\Delta t}$ を用いてそれぞれ $v_1 = \boxed{①}$，$v_2 = \boxed{②}$ と表される。運動の方向は曲線の接線方向であり，問①，問②の結果に2倍角の公式 $\sin\theta = 2\sin\dfrac{\theta}{2}\cos\dfrac{\theta}{2}$，$\cos\theta = 2\cos^2\dfrac{\theta}{2} - 1$ を用いると，x 軸と角度 $\dfrac{\theta}{2}$ をなすことが示される。

　時間 Δt の間に θ だけでなく ω も $\omega + \Delta\omega$ に変化することに留意すると，速度の変化量も v_1，v_2 から式 (A1)，(A2) を用いて得られる。そして，$\Delta\theta$ と $\Delta\omega$ の積を無視すると（これ以降，非常に小さい2つの量の積は同じように無視する），加速度の x, y 成分は
$\dfrac{\Delta v_1}{\Delta t} = a\left[-\omega^2 \sin\theta + (1 + \cos\theta)\dfrac{\Delta\omega}{\Delta t}\right]$, $\dfrac{\Delta v_2}{\Delta t} = \boxed{③}$ となる。

1.5 2021 滋賀医科大学｜大問❷
リニアを超える移動方法がある！？

設問 ①、②

問題文では、サイクロイド曲線上での物体の位置 (x, y) が θ の関数として表されています。θ は次のように表せる角度であることが分かります。

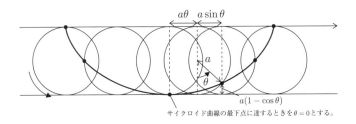

サイクロイド曲線の最下点に達するときを $\theta = 0$ とする。

さて、物体の速度は位置を時間で微分して求められます（問題で与えられている近似式は、微分を行うためのヒントです）。よって、

$$v_1 = \frac{dx}{dt} = a\left(\frac{d\theta}{dt} + \cos\theta \times \frac{d\theta}{dt}\right) = \underline{a\omega(1 + \cos\theta)}$$

$$v_2 = \frac{dy}{dt} = -a \times \left(-\sin\theta \times \frac{d\theta}{dt}\right) = \underline{a\omega\sin\theta}$$

と求められます。なお、この結果から物体の速度（接線方向）が x 軸となす角（右図の φ）は

$$\tan\varphi = \frac{v_2}{v_1} = \frac{\sin\theta}{1 + \cos\theta} + \frac{2\sin\frac{\theta}{2}\cos\frac{\theta}{2}}{1 + (2\cos^2\frac{\theta}{2} - 1)} = \frac{\sin\frac{\theta}{2}}{\cos\frac{\theta}{2}} = \tan\frac{\theta}{2}$$

より、$\varphi = \frac{\theta}{2}$ とわかります。

設問 ③

まずは、サイクロイド曲線上を運動する物体の速度について考えました。続いて、物体の加速度を求めます。加速度は、速度を時間で微分して求めることができます。

第 1 章 力学編

$$\frac{\mathrm{d}v_1}{\mathrm{d}t} = a\left\{\frac{\mathrm{d}\omega}{\mathrm{d}t}(1+\cos\theta) + \omega\left(-\sin\theta \times \frac{\mathrm{d}\theta}{\mathrm{d}t}\right)\right\}$$

$$= a\left\{-\omega^2\sin\theta + (1+\cos\theta)\frac{\mathrm{d}\omega}{\mathrm{d}t}\right\}$$

$$\frac{\mathrm{d}v_2}{\mathrm{d}t} = a\left\{\frac{\mathrm{d}\omega}{\mathrm{d}t}\sin\theta + \omega\left(\frac{\mathrm{d}\theta}{\mathrm{d}t}\cos\theta\right)\right\} = a\left\{\omega^2\cos\theta + \frac{\mathrm{d}\omega}{\mathrm{d}t}\sin\theta\right\}$$

問題引用

物体の運動方程式は，物体の質量を M として x , y 方向についてそれぞれ

$$m\frac{\Delta v_1}{\Delta t} = -N\sin\frac{\theta}{2} \quad (2.1), \quad m\frac{\Delta v_2}{\Delta t} = -mg + N\cos\frac{\theta}{2} \quad (2.2)$$

で与えられる。

N は垂直抗力の大きさ，g は重力加遠度の大きさである。式 (2.1) に $\cos\frac{\theta}{2}$ を乗じ，式 (2.2) に $\sin\frac{\theta}{2}$ を乗じて加え合わせると N を消し去ることができる。

そして上記の加速度の成分を代入すると。ω の時間変化率を $\frac{\Delta\omega}{\Delta t}$ として，θ がしたがう方程式 $\frac{\Delta\omega}{\Delta t} = \boxed{④}$ (3) が得られる。θ を求めるには，式 (3) を直接取り扱うよりも，$X = 4a\sin\frac{\theta}{2}$ で定義される X を考える方が容易である。それは X の時間変化率を $V = \frac{\Delta X}{\Delta t}$ として式 (3) から

$$m\frac{\Delta V}{\Delta t} = -kX \quad (4)$$ が得られ、単振動の運動方程式と等価だからである。ここで，$k = \boxed{⑤}$ であり，k はばね定数と見なされる。式 (4) は X があたかも単振動をする物質の変位であるかのごとく振る舞うことを示している。よく知られているように，単振動では物体の変位 X は角振動数 Ω，振幅 A，初期の位相 δ を用いて $X = A\sin(\Omega t + \delta)$ と表される。このよう

40

| 2021 滋賀医科大学 | 大問❷
1.5 リニアを超える移動方法がある!?

に，まず時刻 t において X が決まり，X を介して θ が求められる。抗力 N も上で得られた問④の結果を式 (2.1) に代入して具体的に求めることができる。抗力は物体に仕事をしないので，物体の力学的エネルギー E は保存される。E は運動エネルギーと位置エネルギーの和であり，y と v などを用いて $E = \boxed{⑥}$ と表される。

設問 $\boxed{④}$

このとき、物体が受ける垂直抗力の x 成分は $-N\sin\frac{\theta}{2}$、y 成分は $N\cos\frac{\theta}{2}$ なので、x、y 方向それぞれについて運動方程式が

$$m\frac{dv_1}{dt} = -N\sin\frac{\theta}{2}$$
$$m\frac{dv_2}{dt} = -mg + N\cos\frac{\theta}{2}$$

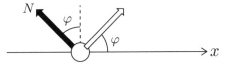

と書けます。問題文に示された手順を行うと、

$$a\left(\cos\frac{\theta}{2} + \cos\theta\cos\frac{\theta}{2} + \sin\theta\sin\frac{\theta}{2}\right)\frac{d\omega}{dt} + a\omega^2\left(-\sin\theta\cos\frac{\theta}{2} + \cos\theta\sin\frac{\theta}{2}\right) = -g\sin\frac{\theta}{2}$$

となり、$\cos\theta\cos\frac{\theta}{2} + \sin\theta\sin\frac{\theta}{2} = \cos\left(\theta - \frac{\theta}{2}\right) = \cos\frac{\theta}{2}$、

$\sin\theta\cos\frac{\theta}{2} - \cos\theta\sin\frac{\theta}{2} = \sin\left(\theta - \frac{\theta}{2}\right) = \sin\frac{\theta}{2}$ であることから

$$\frac{d\omega}{dt} = \frac{(a\omega^2 - g)\sin\frac{\theta}{2}}{2a\cos\frac{\theta}{2}} = \frac{a\omega^2 - g}{2a}\tan\frac{\theta}{2}$$

と求められます。

第1章　力学編

設問 ⑤

これで、θ が満たす関係式（ $\omega = \dfrac{\mathrm{d}\theta}{\mathrm{d}t}$ 、$\dfrac{\mathrm{d}\omega}{\mathrm{d}t} = \dfrac{\mathrm{d}^2\theta}{\mathrm{d}^2 t}$ を含む微分方程式）を求めることができました。ただし、これを解くのは大変です。

そこで、 $X = 4a \sin \dfrac{\theta}{2}$ という関数を定義して考えます。どうしてこれを利用すると、θ の変化の仕方を知ることができるのでしょう？設問を解くことでその有用性が見えてきます。

$X = 4a \sin \dfrac{\theta}{2}$ について、

$$V = \frac{\mathrm{d}X}{\mathrm{d}t} = 4a \times \frac{\omega}{2} \times \cos \frac{\theta}{2} = 2a\omega \cos \frac{\theta}{2}$$

と求められます。さらに、

$$\frac{\mathrm{d}V}{\mathrm{d}t} = 2a \left\{ \frac{\mathrm{d}\omega}{\mathrm{d}t} \cos \frac{\theta}{2} + \omega \left(-\sin \frac{\theta}{2} \times \frac{\omega}{2} \right) \right\} = 2a \left(\frac{\mathrm{d}\omega}{\mathrm{d}t} \cos \frac{\theta}{2} - \frac{\omega^2}{2} \sin \frac{\theta}{2} \right)$$

と求められますが、ここへ $\dfrac{\mathrm{d}\omega}{\mathrm{d}t} = \dfrac{a\omega^2 - g}{2a} \tan \dfrac{\theta}{2}$ を代入して整理すると

$$\frac{\mathrm{d}V}{\mathrm{d}t} = -g \sin \frac{\theta}{2} = -\frac{g}{4a} \times 4a \sin \frac{\theta}{2} = -\frac{g}{4a} X$$

と表せます。以上のことから、

$$m \frac{\mathrm{d}V}{\mathrm{d}t} = -\frac{mg}{4a} X \text{ の関係が得られ、} \quad k = \underline{\frac{mg}{4a}} \text{ とわかります。}$$

さて、 $\dfrac{\mathrm{d}V}{\mathrm{d}t} \left(= \dfrac{\mathrm{d}^2 X}{\mathrm{d}^2 t} \right)$ はその位置が X と表される物体（物体Xとします）の加速度を表します。よって式（4）は物体Xの運動方程式と見なすことができ、はたらく力が復元力であることから物体Xは単振動することになります。このことから $X = A \sin(\Omega t + \delta)$ と表せることがわかり、角振動数 $\Omega = \sqrt{\dfrac{\frac{mg}{4a}}{m}} = \sqrt{\dfrac{g}{4a}}$ となります（振幅に相当する A と初期位相に相当する δ は初期条件によって決まる値であり、後ほど考えます）。そして、

42

$$V = \frac{dX}{dt} = A\Omega \cos(\Omega t + \delta)$$

となります。

$X = 4a \sin \dfrac{\theta}{2}$ は、比例定数の大きさが $\dfrac{mg}{4a}$ の復元力によって単振動

する質量 m の物体（物体X）の位置を表すことになるのだとわかりました。

設問 ⑥

ここでいったんサイクロイド曲線上を運動する（実際の）物体の運動に戻ります。物体の速さ v を使って物体の運動エネルギーは $\dfrac{1}{2}mv^2$、x 軸を基準とすると重力による位置エネルギーは mgy と表せることから、力学的エネルギー $E = \dfrac{1}{2}mv^2 + mgy$ だとわかります。

問題引用

問1　E を X と V などを用いて書き改めよ。式（A1）から $A\sin(\Omega t + \delta)$ の時間変化率が $A\Omega\cos(\Omega t + \delta)$ であることが示される。このことに留意して，E をさらに A などを用いて書き表せ。

問1

物体の速さ v は、

$$v^2 = v_1{}^2 + v_2{}^2 = \{a\omega(1 + \cos\theta)\}^2 + (a\omega\sin\theta)^2 = 2a^2\omega^2(1 + \cos\theta)$$

の関係を満たします。ここへ $\cos\theta = 2\cos^2\dfrac{\theta}{2} - 1$ を代入し、さらに

$V = 2a\omega\cos\dfrac{\theta}{2}$ であることから、

$$v^2 = 4a^2\omega^2\cos^2\frac{\theta}{2} = V^2$$

の関係が求められます。物体Xの速さは、サイクロイド曲線上を運動する（実際の）物体の速さを表します（$V = v$）。

第1章 力学編

今度は、$y = a(1 - \cos\theta)$ について考えます。

こちらも $\cos\theta = 2\cos^2\dfrac{\theta}{2} - 1$ の関係および $\sin^2\dfrac{\theta}{2} + \cos^2\dfrac{\theta}{2} = 1$ の関係を用い、さらに $X = 4a\sin\dfrac{\theta}{2}$、$k = \dfrac{mg}{4a}$ であることから、

$$y = 2a\sin^2\frac{\theta}{2} = \frac{1}{2}\frac{k}{mg}X^2$$

の関係が求められます。

以上のことから、

$$E = \frac{1}{2}mv^2 + mgy = \underline{\frac{1}{2}mV^2 + \frac{1}{2}kX^2}$$

と表せることがわかります。このように、サイクロイド曲線上を運動する（実際の）物体の力学的エネルギーは物体Xの力学的エネルギーとして表わせます。さらに、

$$X = A\sin(\Omega t + \delta)、\quad V = A\Omega\cos(\Omega t + \delta)、\quad \Omega = \sqrt{\frac{g}{4a}} = \sqrt{\frac{k}{m}} \text{ より、}$$

$$E = \frac{1}{2}kA^2\left\{\sin^2(\Omega t + \delta) + \cos^2(\Omega t + \delta)\right\} = \frac{1}{2}kA^2$$

と表すこともできます。Aは物体Xの振幅に相当することから、これは物体Xが単振動の端点を通過する瞬間の力学的エネルギーだとわかります。そして、単振動する物体Xについて力学的エネルギー保存則が成り立つため、力学的エネルギーは物体Xがどの点を通過する瞬間でもこの値になるのです。

問題引用

いま，時刻 $t = 0$ (初期)に θ_0 で与えられる位置にいた物体が，曲線に沿って初速度0で下方に動き始める場合を考える。この場合，定数 A と δ は θ_0，および初期の ω の値から決まり，時刻 t での θ が具体的に得られる。

問2　時刻 t においてθ, θ_0, Ω の間に成立する関係式を求めよ。導出過程も記すこと。

1.5 2021 滋賀医科大学｜大問❷
リニアを超える移動方法がある⁉

問2

いよいよ、物体Xの運動の初期条件が登場します。
$t=0$ に $\theta = \theta_0$ であることから、$X(t=0) = 4a\sin\frac{\theta_0}{2}$ となります。また、$X = A\sin(\Omega t + \delta)$ に $t=0$ を代入して $X(t=0) = A\sin\delta$ とできます。よって、

$$4a\sin\frac{\theta_0}{2} = A\sin\delta \quad\quad\quad\quad\cdots\cdots①$$

の関係が分かります。

また、サイクロイド曲線上を運動する物体の初速度が0なので、$t=0$ に $V(t=0) = v(t=0) = 0$ となります。そして、$V = A\Omega\cos(\Omega t + \delta)$ に $t=0$ を代入して $V(t=0) = A\Omega\cos\delta$ とできます。よって、

$$0 = A\Omega\cos\delta \quad\quad\quad\quad\cdots\cdots②$$

の関係もわかります。②から $\delta = \frac{\pi}{2}$ とわかり、これを①へ代入して $A = 4a\sin\frac{\theta_0}{2}$ とわかります。

これらが物体Xの運動の初期条件です。
すなわち、$X = 4a\sin\frac{\theta_0}{2}\sin\left(\Omega t + \frac{\pi}{2}\right)$ と表わせます。よって

$$X = 4a\sin\frac{\theta}{2} = 4a\sin\frac{\theta_0}{2}\sin\left(\Omega t + \frac{\pi}{2}\right)$$

より、$\underline{\sin\frac{\theta}{2} = \sin\frac{\theta_0}{2}\sin\left(\Omega t + \frac{\pi}{2}\right)}$ の関係を得られます。

問題引用

図2のように，曲線上の最高点P（最下点から高さ $2a$）にいた物体が曲線に沿って初速度 θ で下方に動き出し最下点Oに到達するのに時間 T_P を要した。一方，曲線上

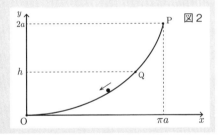
図2

第 **1** 章　力学編

で高さ h が点Pより低い点Q（$h < 2a$）から物体が同じように動き出して点Oに到達するのに要した時間が T_Q であった。このとき，
{⑦ア. $T_Q < T_P$　イ. $T_Q = T_P$　ウ. $T_Q > T_P$ }である。

設問　⑦

物体Xは位置 $X = 4a \sin \dfrac{\theta_0}{2} \sin(\Omega t + \dfrac{\pi}{2})$ と表せる単振動を行うとわかりました。その角振動数 $\Omega = \sqrt{\dfrac{g}{4a}}$ です。

さて、実際のサイクロイド曲線上の運動において θ が θ_0 から 0 に変わる（物体が端点から最下点（中心）まで移動する）とき、物体Xの位置は

$4a \sin \dfrac{\theta_0}{2} (= X(t=0)：振動の端点)$ から $4a \sin \dfrac{0}{2} = 0$ （単振動の中心）

に変わります。このことは、サイクロイド曲線上の運動の周期と物体Xの単振動の周期が一致することを示します。これこそが、この問題で物体Xの運動を考えた理由です。サイクロイド曲線上の運動を物体Xの単振動に置きかえることで、サイクロイド曲線上の運動の周期が求められるのです。

物体Xの周期は $\dfrac{2\pi}{\Omega}$ です。この値は、物体Xの端点の位置 $4a \sin \dfrac{\theta_0}{2}$ が変わっても（θ_0 の値が変わっても）変わりません（復元力の比例定数の大きさが $\dfrac{mg}{4a}$ で一定であれば、周期は振幅によらず一定になるためです）。

すなわち、

$$\underline{T_P = T_Q = \dfrac{2\pi}{\Omega} \times \dfrac{1}{4} = \dfrac{\pi}{2} \times \sqrt{\dfrac{4a}{g}} = \pi \sqrt{\dfrac{a}{g}}}$$

です。曲線上のどの点からスタートしても、最下点へたどり着くまでの時間が変わらないというのは、サイクロイド曲線上での運動の大きな特徴と言えます。

2021 滋賀医科大学 | 大問 ❷

1.5 リニアを超える移動方法がある!?

▶ここが面白い◀

　これで、サイクロイド曲線上を運動する物体の周期が求められました。冒頭で、品川〜名古屋間をサイクロイド曲線上を滑って運動したら7分弱で移動できると述べましたが、本当でしょうか？ 確認してみます。

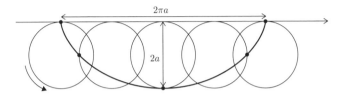

　図の場合、結ばれる2点間の距離は $2\pi a$ となります。これが260kmの場合 $2\pi a = 260 \text{ km}$ より $a = \dfrac{130}{\pi} \text{ km} = \dfrac{130000}{\pi} \text{ m}$ となり、これを用いて

周期 $= \dfrac{2\pi}{\Omega} = 4\pi\sqrt{\dfrac{a}{g}} ≒ 4 \times 3.14\sqrt{\dfrac{130000}{9.8\pi}} ≒ 816 \text{ s}$

片道の時間はこの半分のおよそ 408s（7分弱）と求められるのです。

　なお、上の図のように2点間をつなぐ場合、最大の深さは $2a = \dfrac{260}{\pi} \text{ km} ≒ 82 \text{ km}$ にもなり、これは人類が最も深く掘った記録であるおよそ12kmをはるかに超えています。

問題引用

　最後に，点Pから点Oまでの経路が曲線ではなく，直線である仮想的な場合を考える．摩擦がなく，重力だけが作用するとして，点Pにいた物体が直線POに沿って初速度0で下方に動き出し，点Oに到達するのに要した時間を T'_P とする．

問3　T'_P を求めよ．そして，T_P と T'_P の大小関係を根拠とともに記せ．

問3

　最後に、点Pから点Oまで直線経路をたどって移動する場合の時間を求

め、サイクロイド曲線に沿って移動するときと比較します。直線経路は、PとOを結ぶ経路の中で距離が最小のものです。距離が短ければ、早くたどり着きそうです。本当にそうでしょうか？

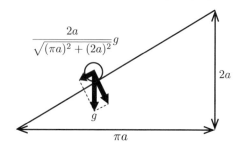

PからOまで直線経路に沿って運動する物体には、大きさ $\dfrac{2}{\sqrt{\pi^2+4}}g$ の加速度が生じます。

よって、等加速度直線運動の公式を使って

$$\dfrac{1}{2}\dfrac{2}{\sqrt{\pi^2+4}}g{T'_P}^2 = \sqrt{\pi^2+4}\,a$$

より $T'_P = \sqrt{\dfrac{(\pi^2+4)a}{g}}$ と求められます。よって、$\underline{T_P < T'_P}$ とわかります。

▶ここが面白い◀

たしかに直線経路は距離が最小ではありますが、より低い位置を通るサイクロイド曲線の方が位置エネルギーが小さくなって運動エネルギーが大きくなるため、大きな速度で移動できます。その兼ね合いの結果、サイクロイド曲線上を運動する方が短い時間となるのです。

もちろん、サイクロイド曲線より低い位置を通る経路も考えられますが、距離がより長くなり結果的に長い時間がかかることになります。つまり、サイクロイド曲線は2点間を最短時間で移動させることができる経路といえます。

1.6 2022 慶應義塾大学（理工学部）｜大問❶ (1)
振り子時計はまっすぐ立てないと使えない？

　今回は、糸に吊るされた物体の運動を考える問題です。例えば、物体を吊るした糸を水平方向から90°傾けて静かにはなしたら、物体は次のように振り子運動します。

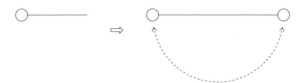

　このとき物体が糸から受ける張力の大きさは、物体の高さによって変わります。例えば物体が最下点を通過するとき（糸が鉛直になったとき）には、次のように求められます。

　糸の長さを L とすると、力学的エネルギー保存則は

$$mgL = \frac{1}{2}mv^2$$

（m：物体の質量、v：最下点での物体の速さ、g：重力加速度の大きさ）

のように書け、ここから最下点での速さ $v = \sqrt{2gL}$ と求められます。そして、最下点での物体の運動は速さ $\sqrt{2gL}$、半径 L の円運動と考えられ、糸の張力の大きさを T とすると円の中心方向の運動方程式が

$$m\frac{(\sqrt{2gL})^2}{L} = T - mg$$

と書け、$T = 3mg$ と求められます。

　最下点では糸の張力と重力がつりあうように思えるかもしれません。しかし、それでは物体は円運動しないのです。物体が円運動するには円の中心向きに力を受ける必要があり、重力より大きな糸の張力が必要となるのです。

第**1**章　力学編

　次に、振り子運動の周期（1回の振動にかかる時間）を考えてみましょう。周期は振り子の振幅によって変わりますが、振れ角が微小な場合には周期は振れ角によらず $2\pi\sqrt{\dfrac{L}{g}}$ でほぼ一定となります。微小な振れ角の場合、振り子運動の周期は糸の長さ L と重力加速度 g で決まり、物体の質量には無関係です。このことは「振り子の等時性」と呼ばれ、教会の天井に吊るされたランプの揺れを見たガリレオが発見したと言われています。

　振り子の等時性は、振り子時計に応用されています。振り子を1秒の周期で振動させるには、振り子の長さ L を

$$2\pi\sqrt{\frac{L}{g}} = 1$$

を満たす $L = \dfrac{g}{4\pi^2} \fallingdotseq 0.25 \text{ m}$ とすればよいことになります。このように振り子の長さを調節して、時計に利用しているのです。

　さて、振り子時計は壁にかけて使いますね。振り子時計を寝かせたり斜めに置いたりして使うことはありません。そのようにすると、振り子の周期が変わってしまい、時計の正確性が失われてしまうのです。どうしてでしょう？

　そのことについて理解できるのが、今回の問題です。

問題引用

　図のように、幅が一定で水平な床面をもつ溝があり、質量 M の三角柱が溝に挟まれて床面上に置かれている。溝は、床面に沿って定義した x 軸の方向に無限に続いている。三角柱は、x 軸の正の向きに対し30°をなす斜面をもち、x 軸に沿ってのみ運動できる。三角柱の斜面と x 軸の交点を点Oとし、図のように、点Oから斜面に沿って斜面の底辺から垂直に伸びる直線上に点Aをとる。点Aに質量が無視できる長さ L の糸を結び、その先端に質量 m の質点を取り付ける。線分AOと糸がなす角度を θ と

2022 慶應義塾大学（理工学部）｜大問❶ (1)

1.6 振り子時計はまっすぐ立てないと使えない？

する。斜面は十分に広く，質点は糸が張った状態で斜面上を一周できる。

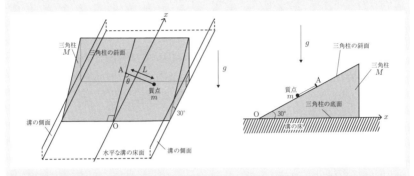

　鉛直下向きの重力加速度の大きさを g とする。以下の設問において，三角柱の底面は床面を離れることはない。

(1)　三角柱が床面に固定されており，三角柱の斜面と質点との間に摩擦がない場合を考える。糸が張った状態で質点を $\theta = 90°$ から初速度の大きさ0で放すと，質点は斜面に沿って単振り子運動をした。$\theta = 0°$ での質点の速度の大きさは ア となる。また，$\theta = 0°$ のとき，質点が斜面から受ける垂直抗力は イ ，糸の張力は ウ となる。次に，糸が張った状態で質点を微小な角度 θ から初速度の大きさ0で放した。このとき，重力加速度 g の斜面に沿う成分を考慮すると，質点の単振り子運動の周期は エ となる。

(ア)(イ)(ウ)

　この問題では、斜面から離れずに運動する物体について考えます。このことから、斜面に垂直な方向では常に物体にはたらく力のつりあいが成り立つことがわかります。

　物体にはたらく重力は、右図のように分解できます。

　物体には、重力に加えて垂直抗力がはたらきます。垂直抗力は重力の斜面に垂直な成分とつりあうことから、垂

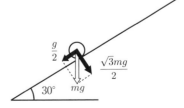

51

直抗力の大きさは $\dfrac{\sqrt{3}}{2}mg$ だとわかります。

結局、物体にはたらく合力は斜面に平行となり、大きさは $\dfrac{mg}{2}$ となることがわかります。以上のことから、この状況では斜面を鉛直面のようにとらえて物体の運動を考えられることがわかります。このとき、重力加速度の大きさが $\dfrac{g}{2}$ となっていると考えられるのです。

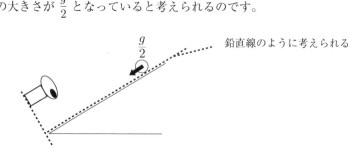

このことに気をつければ、最初に説明したのと同様の考え方で問題を解き進められます。まず、最下点を通過するときの物体の速さ v は、重力加速度の大きさを $\dfrac{g}{2}$ として力学的エネルギー保存則を用いて

$$m\dfrac{g}{2}L = \dfrac{1}{2}mv^2$$

より、$v = \sqrt{gL}$ と求められます。

最下点で、物体はこの速さで円運動します。このとき、円の中心方向の運動方程式は

$$m\dfrac{v^2}{L} = T - m\dfrac{g}{2}\quad (T：糸の張力の大きさ)$$

と書け（重力の大きさは、重力加速度の大きさを $\dfrac{g}{2}$ として求められることに注意）、$v = \sqrt{gL}$ を代入して $T = \dfrac{3mg}{2}$ と求められます。

以上のように、振り子を斜めにすると糸の張力の大きさが変わることがわかりました。では、振り子の周期はどうなるのでしょう？

1.6 振り子時計はまっすぐ立てないと
使えない？

2022 慶應義塾大学（理工学部）｜大問❶ (1)

（エ）

　振れ角が微小な場合の振り子運動の周期を考えます。この場合にも、物体は大きさ $\dfrac{g}{2}$ の重力加速度のもとで運動していると考えることができます。

　重力加速度の大きさが g のとき、振り子運動の周期は $2\pi\sqrt{\dfrac{L}{g}}$ となります。これが、重力加速度の大きさが $\dfrac{g}{2}$ となると、周期が

$$2\pi\sqrt{\dfrac{L}{\frac{g}{2}}} = 2\pi\sqrt{\dfrac{2L}{g}}$$

のように変わるのです。

▶ここが面白い◀

　振り子時計を斜めに置いたら、振り子の周期が変わってしまうことがわかりました。$2\pi\sqrt{\dfrac{2L}{g}} > 2\pi\sqrt{\dfrac{L}{g}}$ ですから、斜めにすることで振り子の周期は長くなるとわかります。

　このことは、水平に置いたら（駆動装置がなければ）振り子が自ら動くことはないことを考えれば理解できます。水平なときには、振り子の周期は無限大と考えられます。鉛直な状態から水平な状態に近づけるにつれて、振り子の周期は長くなっていくのです。

1.7 2022 長崎大学 | 大問❶ − Ⅱ
地震による車の転倒を防ぐには？

　規模の大きな地震は、甚大な被害を生みます。今回の問題では、2016年に発生した熊本地震で多数の車が転倒したことに触れられています。安定しているように思える車も、大きな揺れによって転倒してしまうのです。地盤の揺れは、その上に置かれたものに加速度を与えます。この加速度こそが転倒の原因なのだということが、この問題を通して理解できます。

　そして、どのくらいの加速度が生じると車は転倒してしまうのか、また車を転倒しにくくするにはどうしたらよいかということにも触れられています。問題を解きながら、地震による転倒について理解を深めましょう。

問題引用

　図2のように、質量 m〔kg〕の自動車がある。地面から重心Gまでの高さを H〔m〕、左右のタイヤの間隔を L〔m〕、重力加速度の大きさを g〔m/s²〕とする。ただし、自動車は剛体でタイヤの幅は無視できるほど小さい。

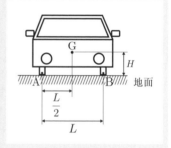

図2

(6) この自動車を図3のように傾斜角 θ〔rad〕の平らで粗い斜面に置いた。自動車のタイヤは摩擦が十分に大きく、滑らない。このとき、A点を中心に自動車が横転を始めるときの $\tan\theta$ の条件を、m, H, L のうち必要なものを用いて、不等式で示せ。

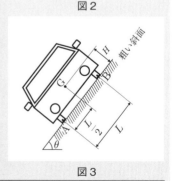

図3

2022 慶應義塾大学（理工学部）｜大問❶ (1)

1.6 振り子時計はまっすぐ立てないと
使えない？

（エ）

　振れ角が微小な場合の振り子運動の周期を考えます。この場合にも、物体は大きさ $\dfrac{g}{2}$ の重力加速度のもとで運動していると考えることができます。

　重力加速度の大きさが g のとき、振り子運動の周期は $2\pi\sqrt{\dfrac{L}{g}}$ となります。これが、重力加速度の大きさが $\dfrac{g}{2}$ となると、周期が

$$2\pi\sqrt{\dfrac{L}{\frac{g}{2}}} = 2\pi\sqrt{\dfrac{2L}{g}}$$

のように変わるのです。

> **▶ここが面白い◀**
>
> 　振り子時計を斜めに置いたら、振り子の周期が変わってしまうことがわかりました。$2\pi\sqrt{\dfrac{2L}{g}} > 2\pi\sqrt{\dfrac{L}{g}}$ ですから、斜めにすることで振り子の周期は長くなるとわかります。
>
> 　このことは、水平に置いたら（駆動装置がなければ）振り子が自ら動くことはないことを考えれば理解できます。水平なときには、振り子の周期は無限大と考えられます。鉛直な状態から水平な状態に近づけるにつれて、振り子の周期は長くなっていくのです。

53

1.7 2022 長崎大学 | 大問❶ – Ⅱ
地震による車の転倒を防ぐには？

　規模の大きな地震は、甚大な被害を生みます。今回の問題では、2016年に発生した熊本地震で多数の車が転倒したことに触れられています。安定しているように思える車も、大きな揺れによって転倒してしまうのです。地盤の揺れは、その上に置かれたものに加速度を与えます。この加速度こそが転倒の原因なのだということが、この問題を通して理解できます。

　そして、どのくらいの加速度が生じると車は転倒してしまうのか、また車を転倒しにくくするにはどうしたらよいかということにも触れられています。問題を解きながら、地震による転倒について理解を深めましょう。

> **問題引用**
>
> 　図2のように、質量 m〔kg〕の自動車がある。地面から重心Gまでの高さを H〔m〕、左右のタイヤの間隔を L〔m〕、重力加速度の大きさを g〔m/s²〕とする。ただし、自動車は剛体でタイヤの幅は無視できるほど小さい。
>
>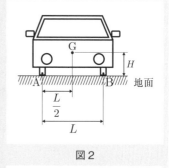
>
> 図2
>
> (6) この自動車を図3のように傾斜角 θ〔rad〕の平らで粗い斜面に置いた。自動車のタイヤは摩擦が十分に大きく、滑らない。このとき、A点を中心に自動車が横転を始めるときの $\tan\theta$ の条件を、m, H, L のうち必要なものを用いて、不等式で示せ。
>
>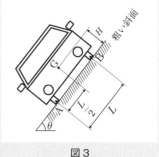
>
> 図3

1.7 地震による車の転倒を防ぐには？

2022 長崎大学 | 大問❶ - Ⅱ

(6)

まずは、斜面に置かれた車が転倒する条件を考えます。地震による揺れとは関係なさそうに思えますが、実は揺れによる転倒は斜面上での転倒と同じように考えることができることが、のちほどわかります。

車が水平な地面の上に置かれているとき、重力と垂直抗力を受けます。重力は車の重心にはたらくと考えることができます（実際には車全体にはたらいていますが、1つにまとめる（合成する）と作用点が重心になるということです）。

垂直抗力はこれとつりあうことから、次のようにはたらくと考えることができます（実際には地面と接する面全体で受けています）。

この状態から地面が徐々に傾いていくと考えてみましょう。このとき、垂直抗力の作用点が変わっていきます。

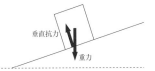

> **memo**
>
> 垂直抗力の作用点が変わることで力のモーメントのつりあいが保たれます。
>
>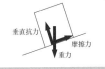

そして、傾きが大きくなるとやがて垂直抗力の作用点が接触面の端に達します。

このときには車はギリギリ倒れずにいられますが、これよりもほんの少しでも地面が傾くと、車は静止を続けられなくなります。重力のはたらきで、車は点Aを中心として反時計回りに転倒してしまいます。

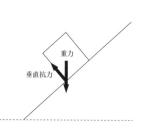 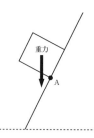

上図の場合、重力は車を点Aを中心に反時計回りに回転させるはたらきを持ちます。それでも車が転倒しないためには、時計回りに回転させるはたらきが必要です。しかし、垂直抗力が接触面のどの点にはたらいてもそれは不可能です。そのため、転倒を避けられなくなるのです。

以上のことから、車が転倒を始めるときには右図のようになることがわかり、ここから

$$\tan\theta = \frac{\frac{L}{2}}{H} = \frac{L}{2H}$$

と求められます。

これはギリギリ転倒しない状況であり、転倒するのは

$$\tan\theta > \frac{L}{2H}$$

のときとなります。

問題引用

(7) 2016年の熊本地震では水平方向と鉛直方向で大きな加速度が生じ、転倒している自動車が多数見られた。ここでは、地震時の地盤の揺れによって図4のように水平方向のみにはたらく一定の加速度（水平加速度）が自動車に生じるものとして考える。水平加速度の大きさを a 〔m/s²〕とする。a がある値 a_{min} を超える

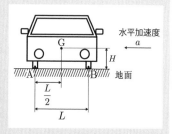

図4

と自動車が横転を始める。このときの a_min を求めよ。ただし，自動車が滑らずにA点を中心に横転するものとする。

(7)
(6)では、地面が傾くことで車が倒れる状況を考えました。今度は、地面の揺れによって加速度が生じることで車が倒れる状況を考えます。
車に加速度が生じるのは、地面の揺れによって車が力を受けるからです。揺れによって受ける力の大きさ F は、運動方程式

$$ma = F$$

から ma だとわかります。この力は、車の重心にはたらくと考えることができます。

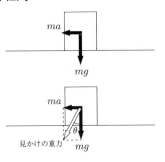

車がこのような力を受けることは、車に生じる重力が変わったと解釈することができます。

すなわち、車には右のような重力がはたらくようになったと考えられるのです。

これは、車にとってみれば地面が傾いたのと同じ状況であり、地面の傾き θ は上図の θ と等しく、 $\tan\theta = \dfrac{a}{g}$ だとわかります。

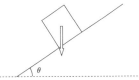

このように考えると、車が倒れないための条件は(6)と同じように求められます。すなわち、ギリギリ転倒しないのは

$$\tan\theta = \frac{L}{2H}$$

のときであるとわかります。これと $\tan\theta = \dfrac{a}{g}$ とから、このときの加速度の大きさは

$$\frac{a}{g} = \frac{L}{2H}$$

より $\underline{a = \dfrac{gL}{2H}}$ とわかり、加速度の大きさがこれを超えると車が転倒すると求められます。

第1章 力学編

> ▶ここが面白い◀
>
> 地面の揺れによって大きな加速度が生じることで，車が転倒する仕組みがわかりました。また，車の重心の高さ H が大きいほど，車の幅 L が小さいほど小さな加速度で転倒してしまうこともわかります。

問題引用

(8) 前問 (7) で，重心Gの位置が中心ではなく，図5に示すように，中心から水平方向に x [m] の距離だけ左にずれた場合について考える。このときに，重心の水平方向のずれが自動車の横転にどのように影響するのかを考える。次の事項について答えよ。なお，水平加速度の方向は，右または左のいずれの向きにも生じるものとする。

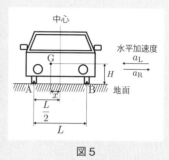

図5

(i) 自動車が反時計回りに横転を始めるときの最小の水平加速度の大きさ a_L と，時計回りに横転を始めるときの最小の水平加速度の大きさ a_R の比 $\dfrac{a_L}{a_R}$ を，x の関数として表せ。

(ii) 自動車が最も横転しにくくなる x の条件とその根拠を答えよ。

---

(8) (i)

最後に、車の重心の位置が変わった場合を考えます。重心の位置は、車の倒れやすさにどのように影響するのでしょう？ この設問を通して、車の転倒を防ぐための荷物の置き方を考えてみましょう。

車の重心の位置が変わっても、先ほどと同じ考え方を利用できます。重力と揺れによる力は、車の重心にはたらくと考えることができます。

1.7 地震による車の転倒を防ぐには？

2022 長崎大学 | 大問❶ - Ⅱ

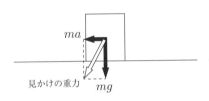
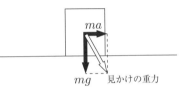

加速度が水平左向きのとき　　　　加速度が水平右向きのとき

そして、それぞれを地面が傾いた場合に置きかえると、ギリギリ転倒しない状況は次のようになります。

・加速度が水平左向きのとき

このときの斜面の傾き θ は

$\tan\theta = \dfrac{a_\mathrm{L}}{g}$ を満たしますが、図から

$$\tan\theta = \dfrac{\frac{L}{2} - x}{H}$$

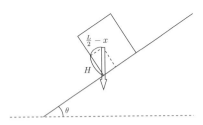

であるとわかるので、

$$\dfrac{a_\mathrm{L}}{g} = \dfrac{\frac{L}{2} - x}{H}$$

より $a_\mathrm{L} = \dfrac{\left(\frac{L}{2} - x\right)g}{H}$ と求められます。

・加速度が水平右向きのとき

このときの斜面の傾き θ は

$\tan\theta = \dfrac{a_\mathrm{R}}{g}$ を満たしますが、図から

$$\tan\theta = \dfrac{\frac{L}{2} + x}{H}$$

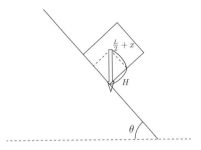

であるとわかるので、

$$\dfrac{a_\mathrm{R}}{g} = \dfrac{\frac{L}{2} + x}{H}$$

より $a_\mathrm{R} = \dfrac{\left(\frac{L}{2} + x\right)g}{H}$ と求められます。

第 1 章 力学編

以上より、$\dfrac{a_L}{a_R} = \dfrac{L - 2x}{L + 2x}$ と求められます。

(ii)　(7) では $x = 0$ の場合について考えました。その場合、大きさ

$a = \dfrac{gL}{2H}$ を超える加速度が生じると車は転倒してしまいます。

　$x > 0$ のときには、$a_L < \dfrac{gL}{2H}$ かつ $a_R > \dfrac{gL}{2H}$ となります。これは、右向きに加速するときには倒れにくくなるけれども、左向きに加速するときには倒れやすくなることを意味します。

　$x < 0$ のときには、$a_L > \dfrac{gL}{2H}$ かつ $a_R < \dfrac{gL}{2H}$ となります。これは、左向きに加速するときには倒れにくくなるけれども、右向きに加速するときには倒れやすくなることを意味します。

　つまり、x が 0 以外の値をとるときには、$x = 0$ のときに比べていずれかの方向で倒れやすくなるということです。このことから、車が最も転倒しにくいのは $x = 0$ の場合、すなわち重心がちょうど真ん中にあるときだとわかります。

▶ここが面白い◀

　車に人が乗るときにも荷物を載せるときにも、重心が真ん中になるようバランスを取ることが転倒防止に役立つとわかります。なお、これは車に限った話ではなく、家具などでも同様です。

第2章　熱力学編

2.1　2023 同志社大学（理工学部）｜大問❸（ア）　★★★★★

気体を圧縮するだけでどれだけ温度を上げられる？……62

2.2　2023 大阪公立大学（中期）｜大問❷　★★★★★

どんな熱サイクルが一番効率的？……64

2.3　2022 名古屋大学｜大問❸　★★★★★

熱気球の仕組み ～何度になれば浮くの？～……77

2.4　2020 早稲田大学（教育学部）｜大問❷　★★★★★

気体分子は1秒間に何回
他の分子とぶつかっているのか？……88

2.5　2022 東京工業大学｜大問❸　★★★★★

熱を加えても気体の温度が下がる？……95

2.6　2023 東京大学｜大問❸　★★★★★

風船は膨らませはじめるときが一番大変？……103

★★★★★	★★★★★	★★★★★	★★★★★	★★★★★

易　←──────────────────────→　難
※難易度は著者の主観による目安であり、大学が設定したものではありません。

2.1

2023 同志社大学（理工学部）｜大問 ❸（ア）

気体を圧縮するだけで
どれだけ温度を上げられる？

　この問題では、面白い実験が登場します。ピストンをガラス管中に素早く押し込むだけで、中にある綿が発火するというのです。これは、道具さえあれば簡単に行うことができます。

　綿が発火するのは、発火点まで綿の温度が上がるからです。綿の発火点は綿の種類によっても違いますが、400 〜 500℃ほどです。つまり、ピストンを押し込むことでガラス管内の気体の温度がここまで上がるのです。本当にそんなことが起こるのでしょうか？

問題引用

　ガラス管の底に少し綿くずを入れ，なめらかに動くピストンでガラス管に気体を閉じ込める。ピストンをすばやく押し込むと断熱圧縮により，ガラス管内の気体の温度が高くなって，綿くずが発火する。単原子分子理想気体の断熱変化では，圧力と体積との間に，(圧力) × (体積)$^{\frac{5}{3}}$ ＝ 一定 の関係があると知られている。容器の中に300 Kの単原子分子理想気体を閉じ込め，その体積をもとの体積の $\frac{1}{8}$ まで断熱圧縮すると，温度は $\boxed{\text{(ア)}}$ 〔K〕まで上がることになる。(以下問題略)

　この問題では、圧縮される気体は断熱変化する設定になっています。実際には完全には断熱されないかもしれませんが、一気に（ごく短時間で）圧縮すれば熱の出入りはほとんどないと考えられます。ほぼ断熱変化だと考えてよいのです。

　それでは、問題を解いてガラス管内の気体の温度がどれほど上昇するのか求めてみましょう。使うのは、$PV^{\frac{5}{3}}$ ＝ 一定 の関係式です（P：気体の圧力　V：気体の体積）。これはポアソンの式と呼ばれます。

2.1 気体を圧縮するだけで どれだけ温度を上げられる?

2023 同志社大学（理工学部）大問❸(ア)

さて、今回求めたいのは気体の温度（ T とします）の変化ですが、この式には T が登場しません。そこで、 T を含んだ形に変えて利用します。

理想気体が状態変化するとき、 $\dfrac{pV}{T}$ の値が一定に保たれます（ボイル・シャルルの法則）。このことを $\dfrac{pV}{T} = C$ と表すと（ C ：定数）、

$PV^{\frac{5}{3}} = CTV^{\frac{2}{3}}$ と表せます。よって、ポアソンの式は「 $CTV^{\frac{2}{3}} = $ 一定」すなわち「 $TV^{\frac{2}{3}} = $ 一定」と変形できるのです。

これが、気体が断熱変化するときに成り立つ V と T の関係です。問題の状況についてこの式を使うと

$$300 \times V_0^{\frac{2}{3}} = T' \times \left(\tfrac{V_0}{8}\right)^{\frac{2}{3}}$$

（ V_0 ：圧縮前の気体の体積　 T' ：圧縮後の気体の温度）

となり、ここから $T' = 300 \times 8^{\frac{2}{3}} = 300 \times (2^3)^{\frac{2}{3}} = 300 \times 2^2 = \underline{1200 \text{ K}}$ と求められます。

▶ここが面白い◀

圧縮前の300K（= 27℃）は普通の温度です。それを体積が8分の1になるように圧縮すると、1200K（927℃）というものすごい高温になることがわかるのです！　綿の発火点をはるかに超えています。

「体積を8分の1まで圧縮することなんてできるのか？」と思われるかもしれませんが、ピストンに思い切り力を加えれば、この程度の圧縮は十分に可能です。

◀ Point ▶

今回は、圧縮の威力を感じられる問題でした。次のページで紹介しますが、熱機関では気体の圧縮を利用しています。そのときに気体の温度が急激に上がることがわかるのです。熱機関は高温に耐えられるよう設計する必要があります。

2.2 2023 大阪公立大学（中期） | 大問❷
どんな熱サイクルが一番効率的？

　今回は、熱機関を扱った問題を取り上げます。熱を仕事に変えるのが熱機関で、これにはいろいろな種類があります。今回登場するのはそのうちの1つで、実際に利用されているものです（どのようなところで使われているものかについては、のちほど説明します）。まずは、設問を解きながら熱機関の特徴について理解しましょう。

> **問題引用**
>
>
>
> 　図のように，なめらかに動くピストンが付いたシリンダーに空気を封入し，その状態変化を利用する熱機関を考える．以下の問い (1)〜(12) に答えよ．ただし，星印（★）のある問いについては解答の過程を書かなくてよい．また，空気は理想気体であるとして，この気体の定積モル比熱を C_V，定圧モル比熱を C_p，比熱比を $\gamma = \dfrac{C_p}{C_V}(\gamma > 1)$ とする．
>
> 　はじめに，n モルの気体（空気）を封入し，以下のように状態を変化させた．
>
> - まず，気体の圧力を p_1，体積を V_1，絶対温度を T_1 とした．これを状態1とする．
> - 状態1から気体を断熱圧縮して，圧力 p_2，体積 $V_2 = \dfrac{V_1}{a}(a > 1)$，絶対温度 T_2 の状態2にした．
> - 状態2から圧力を p_2 に保ったまま気体を加熱し，体積 $V_3 = b \times V_2 (a > b > 1)$，絶対温度 T_3 の状態3にした．
> - 状態3から気体を断熱膨張させ，圧力 p_4，体積 V_1，絶対温度 T_4 の状

2.2 2023 大阪公立大学（中期）|大問❷

どんな熱サイクルが一番効率的？

態4にした.

・状態4から体積を V_1 に保ったまま気体を冷却し，状態1へ戻した.

状態1→2→3→4→1の変化を熱機関の1サイクルとする.

(1) ★状態2→3の変化で気体が外部にした仕事を p_2, V_2, V_3 を用いて表せ.

(2) ★状態2→3の変化における気体の内部エネルギーの増加量を $n, C_V,$ T_2, T_3 を用いて表せ.

(3) ★状態4→1の変化で気体が放出した熱量を n, C_V, T_1, T_4 を用いて表せ.

(4) 状態1→2→3→4→1の変化で熱機関が外部にした仕事の総和を $n, C_V,$ C_p, T_1, T_2, T_3, T_4 を用いて表せ.

(5) この熱機関の熱効率を e とする. $f = 1 - e$ とおいたとき，f に適する式を $T_1, T_2, T_3, T_4, \gamma$ を用いて表せ.

═══════════════════════════════

(1)

状態2→状態3で気体は定圧変化するので、気体が外部へした仕事 $W_{23} = p_2(V_3 - V_2)$ と求められます。

(2)

状態2→状態3での気体の内部エネルギーの変化 $\Delta U_{23} = nC_V(T_3 - T_2)$ と求められます。

(3)

状態4→状態1で気体は定積変化するので、気体が外部へした仕事 $W_{41} = 0$ です。また、このときの気体の内部エネルギーの変化 $\Delta U_{41} = nC_V(T_1 - T_4)$ です。よって、気体が吸収した熱量を Q_{41} とすると熱力学第1法則

$$Q_{41} = \Delta U_{41} + W_{41}$$

より、$Q_{41} = nC_V(T_1 - T_4)$ とわかります。これは気体が吸収した熱量であり、放出した熱量は $-Q_{41} = nC_V(T_4 - T_1)$ と求められます。

第**2**章 熱力学編

memo

気体が状態変化するとき、吸熱量Q、内部エネルギーの変化ΔU、外部への仕事Wの間には、$Q = \Delta U + W$の関係が成り立ちます（熱力学第一法則）。

(4)
　　1サイクル中に熱の出入りがあるのは2→3と4→1のときです。2→3は定圧変化なので、気体が吸収した熱量$Q_{23} = nC_p(T_3 - T_2)$です。
　　よって、1サイクルで吸収した熱量

　　　$Q = Q_{23} + Q_{41} = nC_p(T_3 - T_2) - nC_V(T_4 - T_1)$

と表せます。また、1サイクルを終えると気体は同じ状態に戻るので、1サイクルでの内部エネルギーの変化 $\Delta U = 0$ です。よって、1サイクルで気体が外部へした仕事をWとすると、熱力学第1法則$Q = \Delta U + W$より

　　　$\underline{W = nC_p(T_3 - T_2) - nC_V(T_4 - T_1)}$

と求められます。

(5)　1サイクル中に気体が熱を吸収するのは2→3のときだけです（4→1のときには熱を放出します）。このことに注意すると熱効率$e = \dfrac{W}{Q_{23}}$であるとわかり、

$$f = 1 - e = \frac{Q_{23} - W}{Q_{23}} = \frac{nC_V(T_4 - T_1)}{nC_P(T_3 - T_2)} = \underline{\frac{T_4 - T_1}{\gamma(T_3 - T_2)}}$$

と求められます。

問題引用

　理想気体の断熱変化において，圧力pと体積Vの間には
　　　$pV^{\gamma} = $一定　　……①
の関係が，また絶対温度TとVの間には
　　　$TV^{\gamma-1} = $一定　　……②
の関係がそれぞれ成り立つことが知られている.

(6) ★気体の状態1→2→3→4→1の変化を右グラフに示せ．状態1と4の圧力 p_1, p_4 の正確な値を求める必要はないが，状態3から等温変化で体積を V_1 にした場合の圧力を p_5 として，p_1, p_4, p_5 の3つの値の大小関係がはっきりとわかるよう描くこと．

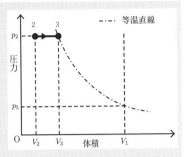

また，状態1と状態4に対応する点の近くにそれぞれ数字1, 4を記せ．

(7) 状態2の気体の絶対温度 T_2 を T_1, a, γ を用いて表せ．

(8) 状態3の気体の絶対温度 T_3 を T_1, a, b, γ を用いて表せ．

(9) 状態4の気体の絶対温度 T_4 を T_1, b, γ を用いて表せ．

(10) (5)で定義した f に適する式を a, b, γ を用いて表し直せ．

---

(6)

ここまでの考察は、熱力学第1法則を使って行いました。熱力学第1法則は、気体の状態変化を考える上で重要なものです。

ここからは、特に断熱変化の過程については問題文に示された関係（ポアソンの式）を使って考えます。断熱変化を考える上で、ポアソンの式は強力な武器となります。

状態3→4の変化から考えると、描きやすくなります。3→4で気体は断熱膨張するため温度が低下します。よって、等温変化して体積 V_1 になる場合に比べて断熱膨張して体積 V_1 になったときにはより圧力が小さくなります。すなわち、$p_4 < p_5$ です。

状態4→1では、気体の体積が一定のまま温度が低下するため、圧力も小さくなります。すなわち $p_1 < p_4$ です。

ここまで描いてから、最後に1→2の

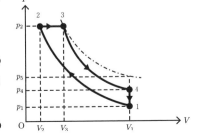

第 **2** 章 熱力学編

変化（断熱曲線）を描けば完成です。

(7)

状態1→2は断熱変化なので、 $TV^{\gamma-1} = $ 一定 の関係が

$$T_1 V_1{}^{\gamma-1} = T_2 V_2{}^{\gamma-1}$$

と書け、 $V_2 = \dfrac{V_1}{a}$ を代入して $T_2 = \underline{a^{\gamma-1}T_1}$ と求められます。

(8)

状態2と3で $\dfrac{PV}{T}$ が等しいことが $\dfrac{p_2 V_2}{T_2} = \dfrac{p_2 V_3}{T_3}$ と表せ、ここへ

$V_3 = bV_2$ を代入して $T_3 = bT_2 = \underline{a^{\gamma-1}bT_1}$ と求められます。

(9)

状態3→4は断熱変化なので、 $TV^{\gamma-1} = $ 一定の関係が

$$T_3 V_3{}^{\gamma-1} = T_4 V_1{}^{\gamma-1}$$

と書け、 $V_3 = bV_2 = \dfrac{bV_1}{a}$ と $T_3 = a^{\gamma-1}bT_1$ を代入して $T_4 = \underline{b^{\gamma}T_1}$ と求められます。

(10)

(5) で求めた結果へ (7)、(8)、(9) の結果を代入して

$$f = \frac{(T_4 - T_1)}{\gamma(T_3 - T_2)} = \frac{(b^{\gamma}T_1 - T_1)}{\gamma(a^{\gamma-1}bT_1 - a^{\gamma-1}T_1)} = \underline{\frac{b^{\gamma} - 1}{\gamma a^{\gamma-1}(b - 1)}}$$

と求められます。

2.2 どんな熱サイクルが一番効率的？

2023 大阪公立大学（中期）｜大問❷

> ▶ **ここが面白い** ◀
>
> 求めた f は、熱機関が吸収した熱が（仕事にならず）廃熱となる割合を示します。熱機関の熱効率を上げるには f を小さくする、すなわち a（1→2 での圧縮比）を大きく b（2→3 での膨張比（「締切比」と呼ばれる））を小さくするのがよいことがわかります。
>
> この問題で登場した熱サイクルは、「ディーゼルサイクル」と呼ばれるもので、ディーゼルエンジンなどで利用されています。一般にガソリンエンジンより熱効率が高いのが利点です。
>
> ディーゼルエンジンでは、吸入バルブから取り入れた空気をピストンによって圧縮します（1→2）。そして、ノズルから燃料の軽油を噴射します。このとき、軽油は自然発火します。これは軽油の発火点が 250℃ と低いためです（例えばガソリンの発火点は 300℃）。このとき軽油の燃焼によって空気の温度が上昇し、膨張するのです（2→3）。
>
> その後クランクシャフトの動きに連動してピストンが動くことで、空気は膨張します（3→4）。そして、放熱が起こり温度とともに圧力が下がります（4→1）。これで 1 サイクルが終了で、排気バルブを開いて排気し、再び吸入バルブから新しい空気を取り入れることになります。

これに対して、例えば発電所のガスタービン、ジェット機や船舶のエンジンでは、4→1 の過程も定圧変化、すなわち次のような変化が利用されます。これは「ブレイトンサイクル」と呼ばれます。

ブレイトンサイクルでは、吸い込んだ空気を圧縮機で圧縮し（1→2）、燃料を加えて燃やして膨張させます（2→3）。そして、タービンを回転させながら空気は膨張します（3→4）。このとき、タービンの回転で得られるエネルギーの一部は圧縮機を動かすために使われますが、排気が行われるため空気の圧力は一定に保たれるのです（4→1）。

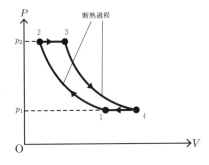

第 2 章 熱力学編

　ブレイトンサイクルがディーゼルサイクルと違うのは、4→1の過程だけです。ブレイトンサイクルでは4→1が定圧変化となるため、2→3と同様に考えると外部への仕事 $W_{41} = p_1(V_1 - V_4) = nR(T_1 - T_4)$ 、内部エネルギーの変化 $\Delta U_{41} = nC_V(T_1 - T_4)$ 、吸収した熱量

$Q_{41} = \Delta U_{41} + W_{41} = n(C_V + R)(T_1 - T_4) = nC_p(T_1 - T_4)$ （放出した熱量は $-Q_{41} = nC_p(T_4 - T_1)$) となります。

memo

　定積モル比熱 C_V と定圧モル比熱 C_p の間には、 $C_p = C_V + R$ （マイヤーの式）の関係が成り立ちます。

　よって、1サイクルで気体が外部へした仕事

$W = Q_{23} + Q_{41} = nC_p(T_3 - T_2) - nC_p(T_4 - T_1)$ とわかります。これを用いて、ブレイトンサイクルにおいて吸収した熱のうち廃熱となる割合は

$$f = 1 - e = \frac{Q_{23} - W}{Q_{23}} = \frac{T_4 - T_1}{T_3 - T_2}$$

と求められます。

　さて、これについてポアソンの式を $p^{1-\gamma}T^\gamma = $ 一定 として使うと、

memo

$pV^\gamma = $ 一定と $\dfrac{pV}{T} = $ 一定から、 $p \cdot \left(\dfrac{T}{p}\right)^\gamma = p^{1-\gamma}T^\gamma = $ 一定とわかります。

状態1→2： $p_1{}^{1-\gamma}T_1{}^\gamma = p_2{}^{1-\gamma}T_2{}^\gamma$

状態3→4： $p_2{}^{1-\gamma}T_3{}^\gamma = p_1{}^{1-\gamma}T_4{}^\gamma$

となり、 $T_1 = \left(\dfrac{p_2}{p_1}\right)^{\frac{1}{\gamma}-1} T_2$ 、 $T_4 = \left(\dfrac{p_2}{p_1}\right)^{\frac{1}{\gamma}-1} T_3$ と求められます。これらを $\dfrac{T_4 - T_1}{T_3 - T_2}$ へ代入して、 $f = \left(\dfrac{p_2}{p_1}\right)^{\frac{1}{\gamma}-1}$ と求められます。 $\dfrac{p_2}{p_1}$ は「圧力比」と呼ばれ、この値が大きいほど f は小さい（ $\gamma > 1$ より

70

$\frac{1}{\gamma} - 1 < 0$ のため)、すなわち廃熱が少ない (熱効率が高い) とわかります。

ブレイトンサイクルでは、断熱過程において圧力が変化します。このとき、圧力が大きく変わるほど熱効率が高くなるのです。

ガスタービンやジェットエンジンに気体を強力に圧縮することができるコンプレッサーが搭載されているのは、このような理由によります。

さらに、オットーサイクルというものも用いられています。これは、ガソリンエンジンやガスエンジンで利用されます。

オットーサイクルは、気体を次のように変化させるサイクルです。

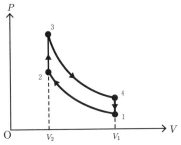

まずは、燃料を混合した空気を吸入し、圧縮機で圧縮します (1→2)。次に火花点火を行い、空気を高温にして (2→3)、膨張させてピストンを動かします (3→4)。そして、熱を放出してから (4→1) 排気を行います。
オットーサイクルがディーゼルサイクルと違うのは、2→3の過程だけです。
オットーサイクルでは2→3が定積変化となるため、4→1と同様に考えると外部への仕事 $W_{23} = 0$、内部エネルギーの変化 $\Delta U_{23} = nC_V(T_3 - T_2)$、吸収した熱量 $Q_{23} = \Delta U_{23} + W_{23} = nC_V(T_3 - T_2)$ となります。
よって、1サイクルで気体が外部へした仕事
$W = Q_{23} + Q_{41} = nC_V(T_3 - T_2) - nC_V(T_4 - T_1)$ とわかります。これを用いて、オットーサイクルにおいて吸収した熱のうち廃熱となる割合は

$$f = 1 - e = \frac{Q_{23} - W}{Q_{23}} = \frac{T_4 - T_1}{T_3 - T_2}$$

と求められます。ここへ、ポアソンの式を $TV^{\gamma-1} = $ 一定 の形で用いて

$T_1 V_1^{\gamma-1} = T_2 V_2^{\gamma-1}$

$T_3 V_2^{\gamma-1} = T_4 V_1^{\gamma-1}$

から得られる $T_1 = \left(\frac{V_2}{V_1}\right)^{\gamma-1} T_2$、$T_4 = \left(\frac{V_2}{V_1}\right)^{\gamma-1} T_3$ を代入して

第**2**章 熱力学編

$f = \left(\dfrac{V_2}{V_1}\right)^{\gamma-1}$ と求められます。このとき、$\dfrac{V_1}{V_2}$ は問題で登場した a（圧縮比）に相当し、圧縮比が大きいほど f が小さい、すなわち廃熱が少ない（熱効率が高い）とわかります。オットーサイクルでは、断熱過程で体積が大きく変わるほど熱効率が高くなるのです。

問題引用

　次に，シリンダー内に封入する気体（空気）の物質量を1.4倍の$1.4n$モルにした．まず，体積と絶対温度をそれぞれ元のサイクルの状態1と同じ V_1 と T_1 にした．続いて断熱圧縮して気体の体積を元の状態2と同じ V_2 にした．その状態から圧力を一定に保ったまま気体を加熱した．このとき加えた熱量は，元の状態2→3の変化で加えた熱量の1.4倍とした．その後，気体を断熱膨張させてはじめと同じ体積 V_1 にしてから，体積を一定に保ったまま冷却して絶対温度 T_1 へ戻した．これらの変化を新しいサイクルと呼ぶことにする．

(11) 新しいサイクルで気体を断熱圧縮して体積 V_2 としたときの気体の絶対温度 $T_2{}'$ および圧力 $p_2{}'$ は，それぞれ元のサイクルの状態2の絶対温度 T_2 および圧力 p_2 の何倍か答えよ．

(12) 新しいサイクルにおいて1サイクルあたりに熱機関が外部にした仕事の総和および熱効率は，それぞれ元のサイクルの何倍か答えよ．

---

(11)

　気体の物質量が変わっても、状態1→2の変化では同じように $T_1 V_1{}^{\gamma-1} = T_2 V_2{}^{\gamma-1}$ の関係が成り立ちます。よって、T_1、V_1、V_2 の値が変わらなければ T_2 の値も変わりません。すなわち、$T_2{}' = T_2 \times \underline{1}$ です。

　また、状態方程式 $pV = nRT$ から、体積 V と温度 T が変わらなければ気体の圧力 P は物質量 n に比例するとわかります。

　よって、$p_2{}' = p_2 \times \underline{1.4}$ です。

72

2.2
2023 大阪公立大学（中期）｜大問❷
どんな熱サイクルが一番効率的？

(12)

　新しいサイクルでの気体の体積と温度の変化は、もとのサイクルと全く同じです。よって、気体の圧力は常にもとのサイクルの1.4倍になっています。そのため、どの過程においても気体がする仕事（またはされる仕事）は1.4倍になるので、外部にした仕事の総和も<u>1.4倍</u>になるとわかります。また、(5) の結果から熱機関の熱効率は各状態の温度だけで決まることがわかり、新しいサイクルでももとのサイクルと変わらない<u>（1倍）</u>とわかります。

> **Point**
>
> 　気体が外部へする仕事が大きくなるのに熱効率が変わらないのは、気体が吸収する熱量も大きくなる（1.4倍になる）からです（(3)、(4) の考察から、気体が吸収（または放出）する熱量が物質量に比例することがわかります）。

▶ **コラム** ◀

　この問題自体はディーゼルエンジンに関するものでしたが、紹介したブレイトンサイクルやオットーサイクルも入試で頻出です。熱サイクルには他にもカルノーサイクル、スターリングサイクル、エリクソンサイクルなどもあります。

　熱サイクルを利用する熱機関は、内燃機関と外燃機関に分類できます。内部のガスを燃焼させるのが内燃機関、外部で発生する熱を利用するのが外燃機関です。スターリングサイクルが用いられるスターリングエンジン、エリクソンサイクルが用いられるエリクソンエンジンは外燃機関です。外燃機関では内燃機関に比べて大掛かりな装置が必要となるため、用途は限られています。ただし、内燃機関で発生する廃熱を利用できるという利点があります。内燃機関と外燃機関を組み合わせたコンバインドサイクルは、熱効率の向上に寄与しています。

　カルノーサイクル、スターリングサイクル、エリクソンサイクルはそれぞれ次のようなものです。なお、カルノーサイクルは熱効率が最大となる理想的な熱サイクルですが、実現することはできません。熱機関の熱効率を高めるために、比較の対象とされるものとなります。

第2章 熱力学編

■カルノーサイクル

1→2 と 3→4：等温変化
2→3 と 4→1：断熱変化

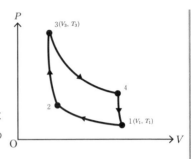

カルノーサイクルでは、3→4のときに吸熱、1→2のときに放熱が行われます。

3→4では気体の内部エネルギーが変化しないため、吸熱量は外部への仕事と等しく

$$\int PdV = \int_{V_3}^{V_4} \frac{nRT_3}{V} dV = nRT_3 \log \frac{V_4}{V_3}$$

と求められます。また、1→2でも気体の内部エネルギーが変化しないため、放熱量は外部からの仕事と等しく

$$-\int PdV = \int_{V_2}^{V_1} \frac{nRT_1}{V} dV = nRT_1 \log \frac{V_1}{V_2}$$

と求められます。
以上のことから、カルノーサイクルの熱効率は

$$\frac{nRT_3 \log \frac{V_4}{V_3} - nRT_1 \log \frac{V_1}{V_2}}{nRT_3 \log \frac{V_4}{V_3}}$$ と求められますが、ポアソンの式から

$$T_1 V_2^{\gamma-1} = T_3 V_3^{\gamma-1}$$
$$T_3 V_4^{\gamma-1} = T_1 V_1^{\gamma-1}$$

より、$\frac{V_1}{V_2} = \frac{V_4}{V_3}$ とわかります。よって、熱効率は

$$\frac{nRT_3 \log \frac{V_4}{V_3} - nRT_1 \log \frac{V_1}{V_2}}{nRT_3 \log \frac{V_4}{V_3}} = \frac{T_3 - T_1}{T_3}$$

と求められます。

2.2 どんな熱サイクルが一番効率的？

■スターリングサイクル

1→2と3→4：等温変化
2→3と4→1：定積変化

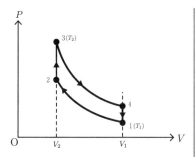

スターリングサイクルでは、2→3と3→4のときに吸熱、1→2と4→1のときに放熱が行われます。
2→3での吸熱量は気体の内部エネルギーの変化と等しく、

$nC_V(T_2 - T_1)$ と求められます。
4→1のときの放熱量も同様に、$nC_V(T_2 - T_1)$ と求められます。

3→4での吸熱量は外部への仕事と等しく、

$$\int P dV = \int_{V_2}^{V_1} \frac{nRT_2}{V} dV = nRT_2 \log \frac{V_1}{V_2}$$

と求められます。また、1→2での放熱量も同様に

$$-\int P dV = \int_{V_2}^{V_1} \frac{nRT_1}{V} dV = nRT_1 \log \frac{V_1}{V_2}$$

と求められます。

ここで、定積モル比熱 C_V と比熱比 γ の間には

$$\gamma = \frac{C_V + R}{C_V}$$

の関係があり、ここから $C_V = \dfrac{R}{\gamma - 1}$ とわかります。これを用いて、スターリングサイクルの熱効率は

$$\frac{\left\{nRT_2 \log \frac{V_1}{V_2} + nC_V(T_2 - T_1)\right\} - \left\{nRT_1 \log \frac{V_1}{V_2} + nC_V(T_2 - T_1)\right\}}{nRT_2 \log \frac{V_1}{V_2} + nC_V(T_2 - T_1)}$$

$$= \frac{(T_2 - T_1) \log \frac{V_1}{V_2}}{T_2 \log \frac{V_1}{V_2} + \frac{T_2 - T_1}{\gamma - 1}}$$

と求められます。

第**2**章 熱力学編

■エリクソンサイクル

$1 \rightarrow 2$ と $3 \rightarrow 4$：定圧変化
$2 \rightarrow 3$ と $4 \rightarrow 1$：等温変化

エリクソンサイクルでは、
$3 \rightarrow 4$ と $4 \rightarrow 1$ のときに吸熱、
$1 \rightarrow 2$ と $2 \rightarrow 3$ のときに放熱が行わ
れます。

$3 \rightarrow 4$ での吸熱量は、

$nC_p(T_1 - T_2) = n(C_V + R)(T_1 - T_2)$ と求められます。

$1 \rightarrow 2$ のときの放熱量も同様に、$n(C_V + R)(T_1 - T_2)$ と求められます。

$4 \rightarrow 1$ での吸熱量は外部への仕事と等しく、

$$\int PdV = \int_{V_4}^{V_1} \frac{nRT_1}{V}dV = nRT_1 \log \frac{V_1}{V_4}$$

と求められます。また、$2 \rightarrow 3$ での放熱量も同様に

$$-\int PdV = \int_{V_3}^{V_2} \frac{nRT_2}{V}dV = nRT_2 \log \frac{V_2}{V_3}$$

と求められます。

ここで、$C_V = \dfrac{R}{\gamma - 1}$ より $C_V + R = \dfrac{\gamma R}{\gamma - 1}$ の関係を用いて、エリク

ソンサイクルの熱効率は

$$\frac{\left\{ nRT_1 \log \frac{V_1}{V_4} + n(C_V + R)(T_1 - T_2) \right\} - \left\{ nRT_2 \log \frac{V_2}{V_3} + n(C_V + R)(T_1 - T_2) \right\}}{nRT_1 \log \frac{V_1}{V_4} + n(C_V + R)(T_1 - T_2)}$$

$$= \frac{(T_1 - T_2) \log \frac{V_1}{V_4}}{T_1 \log \frac{V_1}{V_4} + \frac{\gamma(T_1 - T_2)}{\gamma - 1}}$$

と求められます。

以上のように、これらのサイクルの熱効率を求めるには対数関数の積分
が必要となります。そのため、大学入試で出題されることは稀なのだと考
えられます。

2.3 2022 名古屋大学│大問❸
熱気球の仕組み
〜何度になれば浮くの？〜

　大きなバルーンに吊り下げられたバスケットに乗って空を飛ぶことができる熱気球は、非日常を味わえるレジャーとして人気があります。特別な装置は必要なく、気軽に空を飛べます。熱気球は、内部の空気をガスバーナーで加熱するだけで浮上します。そして、1キロメートルもの高度まで上昇し、360°どの方向も遮られずに見渡すことができます。

　さて、空気を加熱するだけでどうして熱気球は浮上するのでしょう？加熱された空気に生じる変化、気球全体が受ける力の変化を考えることで、その仕組みが見えてきます。そして、空気をどのくらいの温度まで加熱すれば気球が上昇するのか具体的に求めることができます。さらに、実際の空気について詳しく考えることで、気球を浮上させるまでに加えなければならない熱量もわかります。

　以上のことについて、次の問題で詳しく考えることができます。

問題引用

　図1に示すように、ゴンドラの上に伸縮性が高く熱を通さない薄膜で密閉された空間を用意し、その空間の中のゴンドラ上面にヒーターを置いた。これら全体を「気球」と呼ぶ。ただし、ゴンドラ上面での熱の出入りは無視できる。薄膜の質量は無視できるものとし、ゴンドラとヒーターの総質量を M とする。また、ゴンドラ、ヒーターの体積は無視できるとする。

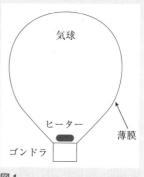

図1

　圧力 P、絶対温度 T_0、単位物質量あたり質量 A の理想気体で満たされた外部空間に気球を置き、気球内部に質量 m の同じ気体を封入した。

第**2**章 熱力学編

気球内部の気体の圧力は，常に外部空間の気体の圧力に等しいとする。気球内部の気体の温度は当初 T_0 で，その後，圧力 P を一定に保った状態でヒーターで気球内部の気体を加熱したところ，与えた熱量が Q になったところで気球が浮上を始めた。このとき，気球内部の気体の温度が T_b，体積が V_b であった。気体定数を R，重力加速度の大きさを g とする。以下の設問に答えよ。

設問 (1)：気球内部の気体の質量 m を，P, V_b, T_b, T_0, R, A のうち必要なものを用いて表せ。

設問 (2)：気球が浮上を始めた瞬間に周囲の気体から受けていた浮力 F を，P, V_b, T_0, R, A, M, g のうち必要なものを用いて表せ。また，この結果を用いて温度 T_b を，P, V_b, T_0, R, A, M, g のうち必要なものを用いて表せ。

設問 (3)：この気体の比熱（単位質量あたりの熱容量）は，圧力を一定に保った状態で C である。このとき，与えられた熱量 Q を，V_b, T_b, m, C を用いて表せ。次に設問 (1) と (2) の結果を用いて，Q を m, T_b を用いず，P, V_b, T_0, R, A, C, M のうち必要なものを用いて表せ。

(1)

気体の単位物質量（1 mol）あたりの質量は A なので、質量 m の気体の物質量（mol数）は $\dfrac{m}{A}$ です。よって、気球内部の気体の温度が T_b、体積が V_b になったときについて状態方程式は

$$PV_b = \frac{m}{A}RT_b$$

と書け、ここから $m = \dfrac{APV_b}{RT_b}$ と求められます。

memo

理想気体の圧力 P、体積 V、物質量 n、絶対温度 T の間には、$PV = nRT$（状態方程式）の関係が成り立ちます（R は気体定数）。

2.3
2022 名古屋大学｜大問❸
熱気球の仕組み〜何度になれば浮くの？〜

この結果から、気体の密度についての特徴がわかります。気体の密度は質量を体積で割ったものであり、$\dfrac{m}{V_b}$ と求められます。よって、上の結果から気体の密度は $\dfrac{m}{V_b} = \dfrac{AP}{RT_b}$ と表せることがわかります。すなわち、気体の密度は圧力に比例し、温度に反比例するのです。

気体がギュウギュウに詰められるほど、気体の圧力は高くなります。また、気体の温度が上がると気体分子が激しく動くようになり、互いの間隔が広がります。気体の密度について、このようにイメージして理解することができます。

(2)

この設問で、気球が浮上する仕組みがわかります。気球は周囲の気体から浮力を受けるため、浮上するのです。

私たちが生活している地球上には、空気が存在しています。そのような中にあるどのようなものにも、重力に逆らって浮上させようとする力がはたらくのです。これが浮力であり、空気中で生活する私たちも常に浮力を受けています。

ただし、自分自身が空気から受ける浮力を実感することはないでしょう。それは、自身が受ける重力に比べて空気から受ける浮力がずっと小さいからです。水の中で泳ぐときには、水から受ける大きな浮力を実感できますね。それに比べて、空気から受ける浮力はとても小さいのです。

それでも、重力が小さければ空気からの浮力が勝ることもあります。例えば、ヘリウムガスが封入された風船です。手を放すと浮上するのは、重力よりも浮力が大きいためです。

そして、熱気球も同じ仕組みで浮上します。内部の気体の温度が低いときには、浮力よりも重力が大きいため浮上することはありません。これを熱していくと、今回のタイプの気球では内部の気体が膨張するため、受ける浮力が大きくなります。そして、浮力が重力より大きくなると浮上を始めるのです。（実際に用いられている熱気球の場合、体積が大きく変わることはありません。その代わり、密閉されていないため膨張する内部の気

79

第2章 熱力学編

体が外へ逃げ出し、重力が小さくなるのです。そして、重力が浮力よりも小さくなると浮上を開始します。)

周囲の気体の密度は $\dfrac{AP}{RT_0}$ と表せます。これを用いて、気球の体積が V_b になったときに周囲の気体から受ける浮力の大きさは $\dfrac{AP}{RT_0}V_b g$ と求められます。

また、このときには重力と浮力がつりあっており、そのことは $(M+m)g = \dfrac{AP}{RT_0}V_b g$ と表せます。ここへ (1) で求めた m の値を代入して整理すると $T_b = \underline{\dfrac{APV_b}{APV_b - MRT_0}T_0}$ と求められます。

気球内の気体をこの温度まで上昇させると、気体が浮上することがわかりました。気球内の気体の温度を外気の温度の $\dfrac{APV_b}{APV_b - MRT_0}(>1)$ 倍にすればよいということです。

(3)

さて、気球内の気体の温度を上昇させるには熱を加える必要があります。気体の温度を (2) の値まで上昇させるにはどのくらいの熱量が必要なのでしょう？ 求められる値は、気球を浮上させるのに必要な熱量を示します。

気球内の気体は、圧力が一定に保たれたまま温度が上昇します。よって、温度が T_0 から T_b まで上がる間に吸収する熱量 $Q = \underline{mC(T_b - T_0)}$ と表せます。

そして、ここへ (1) と (2) で求めた値を代入すると $Q = \underline{MCT_0}$ と求められます。

80

	2022 名古屋大学｜大問❸
2.3	熱気球の仕組み〜何度になれば浮くの？〜

▶ここが面白い◀

　ここから、気球を浮上させるのに必要な熱量は気球の質量 M、外気の温度 T_0 のそれぞれに比例することがわかります。重い気球を用いるほど、また気温の高いときほど、多くのエネルギーが必要になることがわかるのです。

問題引用

　乾燥空気の状態方程式と比熱は、単位物質量あたりの質量が $A = 2.90 \times 10^{-2}\,\mathrm{kg/mol}$ の二原子分子の理想気体のそれらで近似できる。以下、水蒸気をわずかに含む空気の断熱変化について考察する。なお、計算を簡単にするため、物理定数や物理量は問題文で与えたものを用いよ。

　圧力を自在に変えられる大きな外部空間の中に、さきほどと同じ気球を置き、動かないようにひもで固定した。ただし、以下では気球のヒーターは用いない。気球の中には、初期体積 $V_1 = 24.9\,\mathrm{m^3}$、初期温度 $T_1 = 300\,\mathrm{K}$ の乾燥空気が入っており、気球内および外部空間の初期圧力は $P_1 = 1.00 \times 10^5\,\mathrm{Pa}$ であった。気球の中に質量 $7.30 \times 10^{-2}\,\mathrm{kg}$、温度 T_1 の水蒸気を加えた上で、外部空間の圧力を P_1 から下げて気球を断熱変化させる。このとき、圧力 P と気球内部の空気の体積 V は $PV^{1.4} =$ 一定という関係を保つ。なお、水蒸気は空気に比べて質量が十分小さいため気球内部の体積には影響を与えず、断熱変化においては温度に影響を与えないものとする。気体定数は $R = 8.30\,\mathrm{J/(mol \cdot K)}$ とする。以下の設問に答えよ。

設問（4）：気球内部の空気の質量は何 kg か、有効数字2桁で求めよ。

設問（5）：圧力が $P_2 = 5.00 \times 10^4\,\mathrm{Pa}$ まで半減したときを考える。このとき気球内部の空気の体積は V_2、温度は T_2 となった。以下の文章で（あ）には｛ ｝の中の選択肢㋐〜㋕から適切なものを一つ選び、（い）には有効数字3桁の数字を記せ。この段階では水蒸気は水や氷に変化せず、また、その圧力と温度への影響は無視できるものとする。

第2章 熱力学編

圧力が P_1 から P_2 に半減したことで，体積 V_2 は V_1 の
(あ)｛⑦ $2^{\frac{1}{1.4}}$ 倍（約1.641倍），④ $2^{1.4}$ 倍（約2.639倍），
⑨ $\left(\dfrac{1}{2}\right)^{\frac{1}{1.4}}$ 倍（約0.6095倍），⑨ $\left(\dfrac{1}{2}\right)^{1.4}$ 倍（約0.3789倍），⑤ $\dfrac{1}{2}$ 倍，⑰ 2倍｝
となった。また，温度 T_2 は $\boxed{\text{い}}$ Kとなった。

(4)

続いて、外気の圧力が変化したときに起こる状況を考えます。上空へ行くほど、大気の圧力は小さくなっていきます。そして、気球内の気体の圧力もこれとつりあいながら減少していきます。

このとき、気体の体積や温度も変化します。これについて考えます。

設問 (1) で得た結果から、気球内の気体の質量 m は

$$m = \frac{AP_1V_1}{RT_1} = \frac{2.90 \times 10^{-2} \times 1.00 \times 10^5 \times 24.9}{8.30 \times 300} = \underline{29\ \text{kg}}$$

と求められます。

$24.9\ \text{m}^3 = 24.9 \times 10^3\ \text{L}$ です。空気の密度は小さいですが、これほど大きな体積だと29 kgという大きな質量になるのです。

(5)

設問 (5) は、 $PV^{1.4} = $ 一定 という関係を使って考察します。これはポアソンの式と呼ばれるもので、気体が平衡状態を保ちながら断熱変化する場合に成り立ちます。登場する気球の膜は熱を通さないため、気体は断熱変化します。

なお、1.4という値は「比熱比」と呼ばれ、二原子分子理想気体の定積モル比熱 $\dfrac{5R}{2}$ と定圧モル比熱 $\dfrac{7R}{2}$ の比 $\dfrac{\frac{7R}{2}}{\frac{5R}{2}}(= 1.4)$ を表します。気体の種類が変われば、比熱比の値は変わります。

ここでは、外気圧が地上の $\dfrac{1}{2}$ 倍になったときを考えます。大気圧がこ

2.3 2022 名古屋大学│大問❸
熱気球の仕組み〜何度になれば浮くの？〜

れほど小さくなるのは高度5.5キロメートルほどのところです。人が乗っ
た気球がこれほどの高度まで上昇することはないでしょうが、気象観測を
行う無人の気球は上空30キロメートルほどまで上昇します。

$PV^{1.4} = $ 一定 より $P_1V_1{}^{1.4} = P_2V_2{}^{1.4}$ が成り立つとわかります。ここ
へ $P_2 = \dfrac{1}{2}P_1$ を代入して $V_2{}^{1.4} = 2V_1{}^{1.4}$ 、すなわち $V_2 = \underline{2^{\frac{1}{1.4}}V_1}$ と求め
られます。

また、$\dfrac{PV}{T} = $ 一定 の関係が成り立つことから $\dfrac{P_1V_1}{T_1} = \dfrac{P_2V_2}{T_2}$ より、

$P_2 = \dfrac{1}{2}P_1$ および $V_2 = 2^{\frac{1}{1.4}}V_1$ を代入して

$$T_2 = \frac{2^{\frac{1}{1.4}}}{2}T_1 = \frac{1.641}{2} \times 300 = 246.15 \fallingdotseq \underline{246\ \mathrm{K}}$$

と求められます。

> ▶**ここが面白い**◀
>
> 　断熱変化しながら気体の圧力が半減すると、体積は 1.6 倍以上に大き
> くなり、300K（27℃）だった温度は 54K（54℃）も下がって氷点下（−
> 27℃）となることがわかります。高く上がった気球の中の状態はこれほど
> 変わるのですね。
>
> 　そして、これほど低温になるため空気中に含まれる水蒸気は水や氷に変
> 化します。そのことが気球内の気体にどのような影響を与えるのか考える
> のが、次の設問です。

問題引用

　前問の水蒸気の一部が氷に変化することで，気球内部の空気に出入りす
る熱を考える。簡単のため，圧力が $P_2 = 5.00 \times 10^4$ Paになるまでは水蒸
気は水や氷にならず，この圧力になったところで，圧力を一定に保った状
態で質量 5.00×10^{-2} kgの水蒸気が氷になり，その後，気球内部の温度は
一様となったとする。水蒸気が氷になるときに出入りする熱の絶対値は，

第 **2** 章 熱力学編

単位質量あたり 2.80×10^6 J/kgである。

設問（6）：以下の文章において，（あ）には ｛ ｝ の中の選択肢の㋐～㋓
から適切なものを一つ選び，（い）には有効数字2桁の数字を記せ。なお
（い）では，温度が上がる場合は正，下がる場合は負の数字を答えること。
また，圧力を一定に保った状態で，空気の比熱は $C = 1.00 \times 10^3$ J/（kg・
K）である。

質量 5.00×10^{-2} kgの水蒸気が氷になることで，（あ）｛㋐ 2.80×10^5
Jの熱が空気から吸収され，㋑ 1.40×10^5 Jの熱が空気から吸収され，
㋒ 2.80×10^5 Jの熱が空気へ供給され，㋓ 1.40×10^5 Jの熱が空気へ供
給され｝た。これにより空気の温度は $\Delta T = \boxed{\text{い}}$ K変化する。

（6）

水が固体、液体、気体と状態を変化させるときには、熱の出入りが起こ
ります。例えば、液体の水が蒸発して水蒸気になるときには、熱を吸収し
ます。暑いときに汗をかくのは、汗には蒸発しながら身体から熱を奪って
いくはたらきがあるためです。

水蒸気が液体の水になるときには、逆に熱を放出します。そして、液体
の水が氷になるときにも同様に熱を放出するのです。よって、気球内の水
蒸気が冷やされて水や氷になるときには、気球内の空気へ熱を放出するこ
とになります。それによって、気球内の空気の温度が上がります。高く上
がった気球内ではこのようなことが起こるため、温度低下が緩和されるこ
とになります。

水蒸気が氷になるときには、熱の放出が起こります。放出される熱量は、

$$2.80 \times 10^6 \text{ J/kg} \times 5.00 \times 10^{-2} \text{ kg} = 1.40 \times 10^5 \text{ J}$$

と求められます。

そして、空気はこれだけの熱を受け取って温度が上昇します。空気が受
け取る熱量は $29 \text{ kg} \times 1.00 \times 10^3$ J/（kg・K）$\times \Delta T$ と表せることから、

$$1.40 \times 10^5 = 29 \times 1.00 \times 10^3 \times \Delta T$$

より $\Delta T = 4.82 \cdots \fallingdotseq \underline{4.8 \text{ K}}$ と求められます。

84

2022 名古屋大学｜大問❸

2.3 熱気球の仕組み〜何度になれば浮くの？〜

> **Point**
>
> 　設問 (5)、(6) から分かったことを整理すると、次のようになります。
> 300K の気球内の空気の温度は、圧力が半減するまで上昇すると
> ・水蒸気がなければ、約 54K 低下する
> ・水蒸気が氷になる影響で、約 5K 上昇する

　このように、空気は水蒸気を含むためにおよそ 5 K だけ温度低下が緩和されるのです。

　では、この気球を再び地上へ戻したら中の空気の温度はどうなるでしょう？　水蒸気がなかったら、最初の温度（300 K）に戻るはずです。そのことは、先ほど登場したポアソンの式から明らかです。再び地上に戻ったときの気球内の空気の圧力は P_1 に戻るので、そのときの体積を V_3 とすると

$$P_1 V_1^{1.4} = P_2 V_2^{1.4} = P_1 V_3^{1.4}$$

の関係が成り立ち、$V_3 = V_1$ です。スタートしてから戻ってくるまで断熱変化を続けた場合、圧力が元に戻れば体積も元に戻るのです。そして、圧力と体積がスタート時と同じ値になれば、温度もスタート時と同じ値になります。

　それでは、水蒸気がある場合はどうなのでしょう？　この場合、気球の上昇時には水蒸気が氷になる影響で約 5 K 空気の温度が上昇します。そして、氷がそのまま気球内にあれば、下降時には空気の温度が上昇するため氷は水蒸気に戻るでしょう。そのとき熱を吸収するため、空気の温度は低下します。温度低下は、上昇時と同じく約 5 K となります。つまり、氷が気球内に残されていれば、水蒸気の影響は地上に戻ってくるまでに相殺されることになるのです。

　しかし、水蒸気が氷になった段階でそれを捨ててしまったら、どうなるでしょう？　それを考えるのが、最後の設問です。

85

第**2**章 **熱力学編**

問題引用

　前問の状態で気球内から 5.00×10^{-2} kgの氷をすべて取り出した。この作業の前後で気球内部の空気の圧力，温度，体積は変わらなかった。その後に断熱圧縮を行い，圧力を再び 1.00×10^5 Paとした。

設問（7）：このときの気球内部の空気の温度を T_3 とすると，初期温度 T_1 との差，$T_3 - T_1$ が，設問（6）の ΔT の何倍か求めよ。必要に応じて，設問（5）の（あ）の選択肢の数字を用いてよい。

（7）

　氷をすべて取り出したときの気球内の気体の圧力は P_2 に保たれています。ただし、温度が変化しているため体積は V_2 から変化しています。このときの体積を $V_2{}'$ とすると、状態方程式が

$$P_2 V_2{}' = nR(T_2 + \Delta T) \quad (\, n : 気球内の気体の物質量（\text{mol} 数)\,)$$

と書けることから、 $V_2{}' = \dfrac{nR(T_2 + \Delta T)}{P_2}$ と表せます。

　また、気球内の気体が断熱変化して圧力が P_1 になったときの体積 V' は、状態方程式

$$P_1 V' = nRT_3$$

から $V' = \dfrac{nRT_3}{P_1}$ と表せます。

　以上のことからポアソンの式が

$$P_2 \left(\frac{nR(T_2 + \Delta T)}{P_2} \right)^{1.4} = P_1 \left(\frac{nRT_3}{P_1} \right)^{1.4}$$

と書け、 $P_2 = \dfrac{1}{2} P_1$ および $T_2 = \dfrac{2^{\frac{1}{1.4}}}{2} T_1$ を代入して整理すると、

$$T_3 = \left(1 + \frac{\Delta T}{T_2} \right) T_1 \ と求められます。$$

　よって、

2.3 2022 名古屋大学｜大問❸

熱気球の仕組み〜何度になれば浮くの？〜

$$\frac{T_3 - T_1}{\Delta T} = \frac{\frac{\Delta T}{T_2} T_1}{\Delta T} = \frac{T_1}{T_2} = \frac{300}{\frac{1.641}{2} \times 300} = 1.21 \cdots \fallingdotseq \underline{1.2 倍}$$

とわかります。

▶**ここが面白い**◀

　この結果は、気球から氷を捨ててから地上へ戻すと、温度がスタート時よりおよそ $1.2\,\Delta T$ だけ高くなっていることを示しています。水蒸気の影響は上昇時には気体の温度を ΔT だけ上昇させるという形で現れたわけですが、トータルではより大きな影響となるのです。下降時には氷を取り除いているため影響は現れないはずとも思えますが、下降時の断熱変化ではスタートするときの状態（圧力、体積、温度）が変わっているため、このような影響となって現れるのです。

　気球が上昇したり下降したりするときに、その中でどのようなことが起こっているのか考えられる、面白い問題でした。

2.4 2020 早稲田大学（教育学部）| 大問 ❷
気体分子は1秒間に何回他の分子とぶつかっているのか？

　私たちが生活する空間には、空気が満ちています。空気は窒素や酸素などの気体の分子の集合であり、その数は膨大です。温度や気圧によって変化しますが、体積22.4Lの中におよそ6.0×10^{23}個（1億や1兆よりずっと大きな数です）もの気体分子が含まれます。このような様子は目には見えませんが、私たちはそのような中で暮らしているのです。

　そして、気体分子はものすごいスピードで動き回っています。気体の種類や温度によって大きく変わりますが、ほとんどの分子は秒速数百メートルという猛スピードで動いています。

　気体分子がこれほどのスピードで動いているなら、目の前にある気体もあっという間にどこか遠くへ行ってしまうのでしょうか？　部屋の窓を開けても（風が吹いていなければ）換気に時間がかかることを考えると、そうではなさそうです。どうしてでしょう？　それは、気体分子は猛スピードで動いているけれども、数も膨大なため互いに何度も何度も衝突を繰り返すからです。

　気体分子は、いったいどれくらいの頻度で衝突しているのでしょう？そして、1回衝突してから次に衝突するまでにどのくらいの距離を進むのでしょう？　こういったことを求められるのが、今回の問題です。

問題引用

[II]　図II-1は、なめらかな内壁をもつ半径 r の球形の容器を、中心を通る平面で切った時の断面図である。その容器の中に質量 m の単原子分子の理想気体が入っている。気体分子は速さ v で互いに衝突することなく飛び回ってお

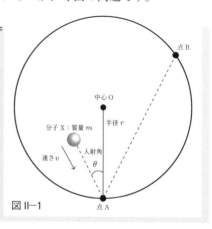

図 II-1

2.4 気体分子は1秒間に何回他の分子とぶつかっているのか？

2020 早稲田大学（教育学部）｜大問❷

り，容器の内壁と弾性衝突を繰り返しているとする。問1から問4までは気体分子の大きさは無視する。また，この問題［II］全体において，分子間に働く力と重力の影響は無視できるものとして以下の設問に答えよ。

問1　図II-1では，分子Xが入射角 θ で点Aに衝突する様子が描かれている。この衝突によって気体分子が容器の内壁に与える力積の大きさを，m, r, v, θ の中から必要な記号を用いて表せ。

問2　分子Xが，点Aに衝突してから次に点Bに衝突するまでの時間を，m, r, v, θ の中から必要な記号を用いて表せ。

問3　分子Xが時間 t の間に容器の内壁と衝突する回数を，m, r, t, v, θ の中から必要な記号を用いて表せ。また，分子Xが時間 t の間に容器の内壁に与える力積の大きさを，m, r, t, v, θ の中から必要な記号を用いて表せ。

問4　容器内に n ［mol］の分子が入っているとする。分子の速さの2乗平均を $\overline{v^2}$ とし，アボガドロ定数を N_A とするとき，分子全体が容器の内壁を押す力ならびに容器内の圧力を，$m, n, N_A, r, \overline{v^2}$ の中から必要な記号を用いて表せ。

　問1～問4では、容器内に封入された気体が内壁に衝突して与える力について考えます。1つひとつの気体分子が及ぼす力は微々たるものでも、膨大な数が集まることで大きな圧力を生み出すことがわかります。

問1
　弾性衝突した後の気体分子の速度は、右のようになります。
　このとき、気体分子の運動量は内壁に直交する方向（球の中心方向）に大きさ $mv\cos\theta - (-mv\cos\theta) = 2mv\cos\theta$ だけ変化します。気体分子の運動量は内壁から受ける力積の分だけ変化することから、内壁から受

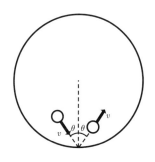

第 **2** 章　熱力学編

ける力積の大きさも $2mv\cos\theta$ だとわかります。

　衝突中、気体分子と内壁は互いに同じ大きさの力を及ぼしあいます。よって、気体分子が内壁に与える力積の大きさも $2mv\cos\theta$ とわかります。

問2

　点Aから点Bまでの距離は $2r\cos\theta$ です。速さ v で運動する気体分子がこの距離だけ進むのにかかる時間は $\dfrac{2r\cos\theta}{v}$ だとわかります。

問3

　時間が $\dfrac{2r\cos\theta}{v}$ だけ経つごとに、気体分子は内壁に1回衝突します。よって、時間 t の間に衝突する回数は $1\times\dfrac{t}{\frac{2r\cos\theta}{v}}=\dfrac{vt}{2r\cos\theta}$ だとわかります。

　また、1回衝突するごとに気体分子は内壁に大きさ $2mv\cos\theta$ の力積を与えるので、時間 t の間に与える力積の大きさは

$2mv\cos\theta\times\dfrac{vt}{2r\cos\theta}=\dfrac{mv^2t}{r}$ と求められます。

問4

　問3で求めた結果から、1個の気体分子が時間 t の間に内壁に与える力積の大きさの平均値は $\dfrac{m\overline{v^2}t}{r}$ と表せることがわかります。よって、気体分子の数は nN_{A} なので気体全体が時間 t の間に内壁に与える力積の大きさは $\dfrac{nN_{\mathrm{A}}m\overline{v^2}t}{r}$ と求められます。

　ここで、気体全体が内壁を押す力の大きさを F とすると、時間 t の間に内壁に与える力積の大きさは Ft と表せます。

　以上のことから

$\dfrac{nN_{\mathrm{A}}m\overline{v^2}t}{r}=Ft$

2.4 気体分子は1秒間に何回他の分子とぶつかっているのか？

2020 早稲田大学（教育学部）|大問❷

の関係がわかり、ここから $F = \dfrac{nN_\mathrm{A} m\overline{v^2}}{r}$ と求められます。

また、内壁の面積は $4\pi r^2$ なので、気体の圧力は $\dfrac{F}{4\pi r^2} = \dfrac{nN_\mathrm{A} m\overline{v^2}}{4\pi r^3}$ と求められます。

ここまでの考察から、気体の圧力が生じる仕組みがわかったと思います。

▶**ここが面白い**◀

ここで、容器内の気体の体積は $\dfrac{4}{3}\pi r^3$ であり、気体分子の運動エネルギーの平均値が $\dfrac{1}{2}m\overline{v^2}$ であることを使って、気体の圧力は

$$\dfrac{nN_\mathrm{A} m\overline{v^2}}{4\pi r^3} = \dfrac{nN_\mathrm{A} \times \dfrac{1}{2}m\overline{v^2}}{\dfrac{4}{3}\pi r^3} \times \dfrac{2}{3}$$

と書き換えられます。すなわち、気体の圧力は気体分子の運動エネルギーの平均値と気体分子の数 nN_A に比例し、気体の体積に反比例することがわかるのです。

問題引用

これまでは、容器内の気体分子は互いに衝突しないと仮定していた。ここからは分子を直径 d の球と考え、互いに衝突するものとする。図Ⅱ―2では、同一の気体分子が単位体積あたりに ρ 個存在し、一番左の分子Yが右方向に速さ u で運動する様子が模式的に示されている。なお、ここでは単純化して着目している分子Yのみが図Ⅱ―2のように運動しており、他の分子はすべて静止しているものとする。また、分子Yは他の分子と衝突した際に、速さを変えずに直進を続けるものとする。図Ⅱ-2では、

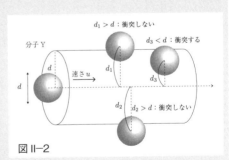

図Ⅱ-2

第2章 熱力学編

断面が直径 $2d$ の円筒領域を考えて，分子Yが他の分子と衝突する場合と，しない場合を示している。

問5　分子Yが時間 t の間に衝突する分子の数，すなわち衝突の回数を，d, ρ, t, u を用いて表せ。

問6　分子Yが，他の分子と衝突してから次に他の分子と衝突するまでの移動距離の平均［これを平均自由行程という］は，（単位時間あたりに分子が移動する平均距離）÷（単位時間あたりに分子が衝突する回数）と定義できる。この定義式を用いると，平均自由行程はいくらになるか。d と ρ を用いて表せ。

問5

　ここからは、気体分子どうしの衝突について考えます。無数の気体分子の様子を考えるのは難しいので、ここでは1つの分子に着目して考えます。これならシンプルに考えられますね。

　図Ⅱ-2において、分子Yが衝突するのは直径 $2d$ の円筒領域内に中心が入っている分子です。時間 t の間に気体分子は円筒断面に直交する向きに距離 ut だけ移動します。よって、この領域に中心が入っている気体分子の数が、時間 t の間の分子Yの衝突回数となります。

　直径 $2d$ （半径 d ）、長さ ut の円筒領域の体積は $\pi d^2 ut$ です。気体分子（の中心）は単位体積あたりに ρ 個存在するので、この領域に存在する気体分子の数は $\underline{\rho \pi d^2 ut}$ だとわかります。これが、時間 t の間の分子Yの衝突回数を示します。

　求めた値から、1つの気体分子が単位時間に他の気体分子と衝突する回数は $\rho \pi d^2 u$ だとわかります。ここへ、具体的な数値を代入してみましょう。気体分子が22.4 L（ 22.4×10^{-3} m^3 ）の中に 6.0×10^{23} 個存在するとすると、1 m^3 中には $\dfrac{6.0 \times 10^{23}}{22.4 \times 10^{-3}}$ 個含まれることになります。すなわち

92

> ### 2.4
> 2020 早稲田大学（教育学部）|大問❷
> 気体分子は1秒間に何回
> 他の分子とぶつかっているのか？

$\rho = \dfrac{6.0 \times 10^{23}}{22.4 \times 10^{-3}}$ 個/m³ となり、これが実際のおよその値です。

　また、気体分子の直径は気体の種類によって異なりますが、ここでは空気中に最も多く含まれる窒素分子の直径のおよその値 $d = 3.7 \times 10^{-10}$ m を用いましょう。さらに、窒素分子が室温程度のときのおよその速さの平均値 $u = 4.8 \times 10^2$ m/s も用います。

▶ ここが面白い ◀

　これらの値を使って、

$$\rho d^2 u = \frac{6.0 \times 10^{23}}{22.4 \times 10^{-3}} \times 3.14 \times (3.7 \times 10^{-10})^2 \times 4.8 \times 10^2 ≒ 5.5 \times 10^9$$

（55億）と求められます。これが、1つの分子が1s間に他の分子に衝突する回数を表します！気体分子は、ものすごい頻度で衝突していることがわかります。これは、一定体積に含まれる気体分子の数が膨大であり、気体分子の速度もとても大きいためです。

問6

　最後に、1つの気体分子が他の分子に1回衝突して次に衝突するまでの移動距離の平均値を求めます。これを「平均自由行程」と言います。

　「単位時間あたりに分子が移動する平均距離」は分子の速さ u のことであり、「単位時間あたりに分子が衝突する回数」は問5の結果で $t = 1$ として $\rho d^2 u$ だとわかるので、平均自由行程は

$$\frac{u}{\rho \pi d^2 u} = \underline{\frac{1}{\rho \pi d^2}}$$

と求められます。

93

第2章 熱力学編

こちらも具体的な値を求めてみましょう。

$$\rho = \frac{6.0 \times 10^{23}}{22.4 \times 10^{-3}} \text{ 個/m}^3 \quad 、 \quad d = 3.7 \times 10^{-10} \text{ m とすると、}$$

$$\frac{1}{\rho \pi d^2} = \frac{1}{\frac{6.0 \times 10^{23}}{22.4 \times 10^{-3}} \times 3.14 \times (3.7 \times 10^{-10})^2} \fallingdotseq 8.7 \times 10^{-8} \text{ m （1億分の8.7}$$

メートル）と求められます。

▶ここが面白い◀

気体分子はたったこれだけ進んだだけで他の分子に衝突し、進行方向が変わってしまうのですね。だから、分子自体は猛スピードで動いていても気体全体が拡散するのには時間がかかるのですね。

2.5 2022 東京工業大学|大問❸
熱を加えても気体の温度が下がる？

$T = \boxed{(エ)}V^2 + \boxed{(オ)}V + \boxed{(カ)}$

と表せる。空欄（エ）〜（カ）に当てはまる数式を V_0, T_0 のうち必要なものを用いて表せ。

[B]（d）

ここからは、熱を加えるために気体が膨張し、そのために液体がこぼれていく状況を考えます。設問に従って考察していくと、このときには不思議な状態変化が起こることが見えてきます。

状態3→状態4の間、ピストン上部にある水が減るにつれて気体の圧力は小さくなっていきます。このとき、圧力の減少量は水の体積の減少量に比例します。また、水の体積の減少量は気体の体積の増加量と等しくなります。よって、気体の圧力の減少量は体積の増加量に比例するとわかります。この関係を満たしながら気体の圧力は $2p_0$ から p_0 へ変化するので、$p-V$ グラフは右のように描けます。

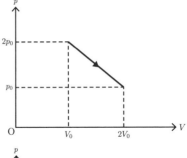

(e)

状態3→状態Aで気体が外部へした仕事 W_{3A} は、$p-V$ グラフから右のように求められます。

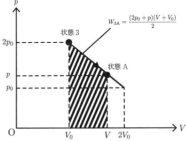

また、気体の内部エネルギーの変化 $\Delta U_{3A} = \dfrac{3}{2}pV - \dfrac{3}{2} \times 2p_0V_0$ です。よって、熱力学第1法則から

$$Q_{3A} = \Delta U_{3A} + W_{3A} = 2pV - \dfrac{pV_0}{2} + p_0V - 4p_0V_0$$

第**2**章 熱力学編

と求められます。

また、p–V グラフから $p = 2p_0 - \dfrac{p_0}{V_0}(V - V_0) = 3p_0 - \dfrac{p_0}{V_0}V$ とわかるので、これを代入して

$$Q_{3A} = \underline{-\frac{2p_0}{V_0}V^2 + \frac{15p_0}{2}V - \frac{11p_0 V_0}{2}}$$

と求められます。

(f)

状態Aについての気体の状態方程式は $pV = 1 \times RT$ より $T = \dfrac{pV}{R}$ とわかり、ここへ $p = 3p_0 - \dfrac{p_0}{V_0}V$ を代入して $T = \dfrac{p_0}{R}(3V - \dfrac{1}{V_0}V^2)$ と求められます。

また、状態3についての気体の状態方程式 $2p_0 V_0 = 1 \times R \cdot 2T_0$ より $\dfrac{p_0}{R} = \dfrac{T_0}{V_0}$ とわかります。これを代入すると

$$T = \frac{p_0}{R}\left(3V - \frac{1}{V_0}V^2\right) = \underline{-\frac{T_0}{V_0{}^2}V^2 + \frac{3T_0}{V_0}V + 0}$$

と求められます。

問題引用

(g) 状態3から状態4に変化する間に達する気体の最高温度 T_M を，T_0 を用いて表せ。

(h) 状態3から状態4に変化する間にある状態Bがあり，状態3から状態Bまでは気体は熱を吸収し，状態Bから状態4までは気体は熱を放出する。状態Bの気体の体積 V_B を，V_0 を用いて表せ。

(g)

(f) で求めた結果は $T = -\dfrac{T_0}{V_0{}^2}\left(V - \dfrac{3V_0}{2}\right)^2 + \dfrac{9T_0}{4}$ と変形できます。

100

2022 東京工業大学｜大問❸

2.5 熱を加えても気体の温度が下がる？

ここから、$V = \dfrac{3V_0}{2}$ のときに T は最大値 $T_M = \dfrac{9T_0}{4}$ をとるとわかります。（状態3→状態4で気体の体積 V は V_0 から $2V_0$ まで変化します。$V = \dfrac{3V_0}{2}$ はこの範囲にあるため、可能であるとわかります）。

　ここからわかるのは、気体の体積が $\dfrac{3V_0}{2}$ を超えてからは、気体の温度が低下していくということです。気体は膨張を続けるのに温度が下がるというのは不思議な感じがしますが、液体がこぼれて気体の圧力が低下するためこのようなことが起こるのです。

　では、このとき気体に加える熱はどうなっているのでしょう？　それを考察するのが最後の設問です。

(h)

　(e) で求めた結果は $Q_{3A} = -\dfrac{2p_0}{V_0}\left(V - \dfrac{15V_0}{8}\right)^2 + \dfrac{49p_0V_0}{32}$ と変形できます。ここから、$V = \dfrac{15V_0}{8}$ のときに Q_{3A} は最大値をとるとわかります（状態3→状態4で気体の体積 V は V_0 から $2V_0$ まで変化します。$V = \dfrac{15V_0}{8}$ はこの範囲にあるため、可能であるとわかります）。

　気体の体積が V_0 から $\dfrac{15V_0}{8}$ まで変化する間は、気体が（状態3からトータルで）吸収する熱量が増加します。これは、気体の体積が $\dfrac{15V_0}{8}$ になるまでは気体が吸熱を続けるからです。そして、気体の体積が $\dfrac{15V_0}{8}$ よりさらに大きくなると（状態3からトータルで）吸収する熱量が減少します。

　このことは、体積が $\dfrac{15V_0}{8}$ を超えて大きくなるときには気体が放熱することを示します。以上のことから $V_B = \dfrac{15V_0}{8}$ とわかります。

　わかったことを整理すると、気体の体積が

$\dfrac{3V_0}{2}$ から $\dfrac{15V_0}{8}$ まで増加するとき：気体は熱を吸収する、温度は低下する

$\dfrac{15V_0}{8}$ から $2V_0$ まで増加するとき：気体は熱を放出する、温度は低下する

101

第2章 熱力学編

となります。

> **Point**
>
> 　熱を吸収するのに温度が下がったり、熱を放出して冷めているにもかかわらず膨張したりするのは不思議に思えますが、液体がこぼれて気体の圧力が低下するために可能となるのです。

なお、状態3→状態4での気体の内部エネルギーの変化

$\Delta U_{34} = \dfrac{3}{2} p_0 \times 2V_0 - \dfrac{3}{2} \times 2p_0 V_0 = 0$ です。よって、状態3→状態4で気

体が吸収した熱 $Q_{34} = -\dfrac{2p_0}{V_0}(2V_0)^2 + \dfrac{15p_0}{2} \times 2V_0 - \dfrac{11p_0 V_0}{2} = \dfrac{3p_0 V_0}{2}$

は、すべて外部への仕事 $W_{3A} = \dfrac{(2p_0 + p_0)(2V_0 - V_0)}{2} = \dfrac{3p_0 V_0}{2}$ となります。

▶ここが面白い◀

　さて、気体は大気の力と液体がピストンを押す力に逆らって、ピストンを押します。大気の力に逆らってピストンを動かす仕事は $p_0 V_0$ です。よって、残りの $\dfrac{3p_0 V_0}{2} - p_0 V_0 = \dfrac{p_0 V_0}{2}$ が液体の力に逆らってピストンを動かす仕事だとわかります。ここで、液体の質量を M とすると、液体がピストンを押す力の大きさ（＝液体の重力の大きさ）は Mg と表せ（g：重力加速度の大きさ）、状態2から状態3でのピストンにはたらく力のつりあいは $2p_0 S = Mg + p_0 S$ と書けます（S：ピストンの断面積）。ここから $M = \dfrac{p_0 S}{g}$ とわかります。そして、状態3→状態4で液体すべての位置が排出口の位置まで変化します。状態3では液体の重心が排出口から $\dfrac{V_0}{2S}$ だけ低い位置にあるので、状態3→状態4で液体の高さが $\Delta h = \dfrac{V_0}{2S}$ だけ大きくなったとわかります。よって、重力による位置エネルギーが $Mg\Delta h = \dfrac{p_0 S}{g} \times g \times \dfrac{V_0}{2S} = \dfrac{p_0 V_0}{2}$ だけ大きくなっています。

　この値は、気体が液体の力に逆らってピストンを動かした力と一致することがわかります。

102

2.6

2023 東京大学 | 大問 ❸

風船は膨らませ
はじめるときが一番大変？

　風船を膨らませるのは、大人でもなかなか大変です。勢いよく息を吹き込んでも、なかなか膨らまないことがあります。しかし、風船は一度膨らみはじめるとどんどん大きくなります。油断していると破裂してしまいますね。

　実は、風船のようにゴム膜でできたものには「最初は膨らませるのが大変だけれども、途中からはラクになる」という特徴があります。そのことが、物理を使って求められます。

　また、膨らませた2つの風船の口どうしを繋げたら、どんなことが起こるでしょう？　このときには、面白い現象を見ることができます。

　今回の問題では、こういった風船の不思議について考えます。

問題引用

　ゴムひもを伸ばすと，元の長さに戻ろうとする復元力がはたらく。一方でゴム膜を伸ばして広げると，その面積を小さくしようとする力がはたらく。この力を膜張力と呼ぶ。十分小さい面積 ΔS だけゴム膜を広げるのに必要な仕事 ΔW は

$$\Delta W = \sigma \Delta S$$

で与えられる。ここで σ は［力/長さ］の次元を持ち，膜張力の大きさを特徴づける正の係数である。ゴム膜でできた風船を膨らませると，膜張力により風船の内圧は外気圧よりも高くなる。外気圧は p_0 で常に一定とする。重力を無視し，風船は常に球形を保ち破裂しないものとして，以下の設問に答えよ。

I　図3–1のように半径 r の風船とシリンダーが接続されている。シリン

ダーには滑らかに動くピストンがついており,はじめピストンはストッパーの位置で静止している。風船とシ

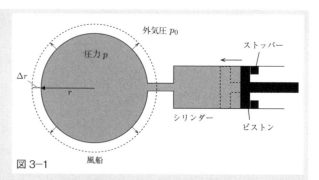

図 3-1

リンダー内は液体で満たされており,液体の圧力 p は一様で,液体の体積は一定とする。ゴム膜の厚みを無視し,係数 σ は一定とする。

(1) ピストンをゆっくりと動かし風船を膨らませたところ,図3-1のように半径が長さ Δr だけ大きくなった。ピストンを動かすのに要した仕事を $p_0, p, r, \Delta r$ を用いて表せ。ただし,Δr は十分小さく,Δr の二次以上の項は無視してよい。

(2) 設問Ⅰ(1)で風船を膨らませたときに,風船の表面積を大きくするのに要した仕事を $r, \Delta r, \sigma$ を用いて表せ。ただし,Δr は十分小さく,Δr の二次以上の項は無視してよい。

(3) p を p_0, r, σ を用いて表せ。ただし,ピストンを介してなされる仕事は,全て風船の表面積を大きくするのに要する仕事に変換されるものとする。

---

(1)

設問Ⅰでは、風船を膨らませるのに必要な力の大きさを考えます。球形の風船を考えたとき、その半径によって膨らませるのに必要な力の大きさが変わることがわかります。

まずは、ピストンを動かすのに必要な仕事を求めます。

2.6 2023 東京大学｜大問❸
風船は膨らませはじめるときが一番大変？

風船の半径が r から $r + \Delta r$ になるとき、体積は

$$\frac{4}{3}\pi(r + \Delta r)^3 - \frac{4}{3}\pi r^3 = 4\pi r^2 \Delta r + 4\pi r(\Delta r)^2 + \frac{4}{3}\pi(\Delta r)^3 \fallingdotseq 4\pi r^2 \Delta r$$

だけ変化します。よって、ピストンを動かす距離はシリンダーの断面積を S とすると $\dfrac{4\pi r^2 \Delta r}{S}$ とわかります。

ピストンはゆっくり動くので、ピストンを動かすために加えた力の大きさを F とすると力のつりあい

$$F + p_0 S = pS$$

より加えた力の大きさ $F = pS - p_0 S$ とわかります。

以上のことから、ピストンを動かすのに要した仕事は

$$F\frac{4\pi r^2 \Delta r}{S} = \underline{4\pi r^2(p - p_0)\Delta r}$$

と求められます。

(2)

風船の半径が r から $r + \Delta r$ になるとき、ゴム膜の面積は

$$\Delta S = 4\pi(r + \Delta r)^2 - 4\pi r^2 = 8\pi r \Delta r + 4\pi(\Delta r)^2 \fallingdotseq 8\pi r \Delta r$$

だけ変化します。よって、風船の面積を大きくするのに必要な仕事 $\Delta W = \sigma \Delta S = \underline{8\pi \sigma r \Delta r}$ と求められます。

(3)

設問文で (1) と (2) で求めた値が等しいことが示されているので、

$$4\pi r^2(p - p_0)\Delta r = 8\pi \sigma r \Delta r$$

より $p = \underline{p_0 + \dfrac{2\sigma}{r}}$ と求められます。

風船を膨らませるのに必要な圧力 p を、このように求めることができ

ました。ただし、ここに登場する σ は風船を膨らませるとともに変化する値です。よって、半径 r による p の変化を知るには、r による σ の変化を考える必要があります。

この問題で設定されている $\sigma = \dfrac{\Delta W}{\Delta S}$ はゴム膜を広げるのに必要な仕事 ΔW を広げる面積 ΔS で割ったものであり、単位面積を広げるのに必要な仕事（=膜の単位面積あたりのエネルギー）を表します。そこで、膜に力を加えて広げる様子を考えてみましょう。

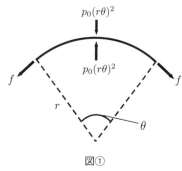

図①

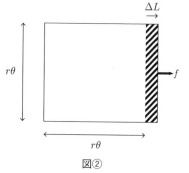

図②

図①は、ゴム膜中の一部分が受ける力を表したものです。図では弧の長さは $r\theta$ であり、今はゴム膜中の一辺の長さが $r\theta$ の正方形の部分について考えることにします。

正方形の面積は $(r\theta)^2$ であり、外気から受ける力の大きさは $p_0(r\theta)^2$、内部の液体から受ける力の大きさは $p(r\theta)^2$ です。また、f は正方形部分が隣の膜から受ける力を表します（図で示した方向と直交する方向（手前向きと奥向き）にも力がはたらきます）。このとき、例えば図②のように膜が広がったとします。

このとき、膜は $f\Delta L$ の仕事をされますが、$\Delta S = r\theta \Delta L$ よりこれは $\sigma r\theta \Delta L$ と表されるはずです。すなわち $f\Delta L = \sigma r\theta \Delta L$ であり、ここから $f = \sigma r\theta$ の関係がわかります。

そして、これを用いると膜の正方形部分に直交する方向の力のつりあいは

$$p(r\theta)^2 = p_0(r\theta)^2 + \sigma r\theta \sin\dfrac{\theta}{2} \times 4$$

2.6

2023 東京大学 | 大問❸

風船は膨らませ
はじめるときが一番大変？

　風船を膨らませるのは、大人でもなかなか大変です。勢いよく息を吹き込んでも、なかなか膨らまないことがあります。しかし、風船は一度膨らみはじめるとどんどん大きくなります。油断していると破裂してしまいますね。

　実は、風船のようにゴム膜でできたものには「最初は膨らませるのが大変だけれども、途中からはラクになる」という特徴があります。そのことが、物理を使って求められます。

　また、膨らませた2つの風船の口どうしを繋げたら、どんなことが起こるでしょう？　このときには、面白い現象を見ることができます。

　今回の問題では、こういった風船の不思議について考えます。

問題引用

　ゴムひもを伸ばすと，元の長さに戻ろうとする復元力がはたらく。一方でゴム膜を伸ばして広げると，その面積を小さくしようとする力がはたらく。この力を膜張力と呼ぶ。十分小さい面積 ΔS だけゴム膜を広げるのに必要な仕事 ΔW は

$$\Delta W = \sigma \Delta S$$

で与えられる。ここで σ は［力/長さ］の次元を持ち，膜張力の大きさを特徴づける正の係数である。ゴム膜でできた風船を膨らませると，膜張力により風船の内圧は外気圧よりも高くなる。外気圧は p_0 で常に一定とする。重力を無視し，風船は常に球形を保ち破裂しないものとして，以下の設問に答えよ。

I　図3-1のように半径 r の風船とシリンダーが接続されている。シリン

103

第2章 熱力学編

ダーには滑らかに動くピストンがついており，はじめピストンはストッパーの位置で静止している。風船とシリンダー内は液

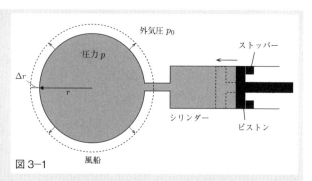

図 3-1

体で満たされており，液体の圧力 p は一様で，液体の体積は一定とする。ゴム膜の厚みを無視し，係数 σ は一定とする。

(1) ピストンをゆっくりと動かし風船を膨らませたところ，図 3-1 のように半径が長さ Δr だけ大きくなった。ピストンを動かすのに要した仕事を $p_0, p, r, \Delta r$ を用いて表せ。ただし，Δr は十分小さく，Δr の二次以上の項は無視してよい。

(2) 設問 I (1) で風船を膨らませたときに，風船の表面積を大きくするのに要した仕事を $r, \Delta r, \sigma$ を用いて表せ。ただし，Δr は十分小さく，Δr の二次以上の項は無視してよい。

(3) p を p_0, r, σ を用いて表せ。ただし，ピストンを介してなされる仕事は，全て風船の表面積を大きくするのに要する仕事に変換されるものとする。

---

(1)

設問 I では、風船を膨らませるのに必要な力の大きさを考えます。球形の風船を考えたとき、その半径によって膨らませるのに必要な力の大きさが変わることがわかります。

まずは、ピストンを動かすのに必要な仕事を求めます。

2.5

2022 東京工業大学｜大問❸

熱を加えても
気体の温度が下がる？

　高校物理の熱力学では、おもに気体の状態変化を考えます。例えば、容器内に封入された気体に熱を加えたら、気体の温度は上昇します。これは、容器の体積が一定に保たれている場合でも、自由に膨張できる容器を使った場合でも同じです。

　逆に、気体が熱を放出するときには温度が低下します。こちらも、体積が一定であっても、体積を自由に変えられる場合でも、同じです。

　また、容器が自由に熱を通す材質でできていて、変化をゆっくり起こす場合には、気体の温度は一定に保たれます。逆に熱を通さない材質でできた容器内で変化を起こすときには、熱の出入りはありません。この場合、圧縮すると気体の温度が上がり、膨張させると気体の温度が下がります。

　以上が典型的な状態変化です。熱を仕事に変換する熱機関では、このような気体の状態変化が起こります。

　さて、気体が状態変化するとき「熱を加えているのに気体の温度が下がる」「熱を放出しながら気体が膨張する」という現象が起こったら、不思議だと思いませんか？　たしかに、普通はこのようなことは起こりません。しかし、変わった状況を作ることでこのような変化が実際に起こるのです。今回の問題では、このような面白い現象が登場します。どのような装置を使うのでしょう？　問題を解きながら、不思議な気体の状態変化を味わってください。

問題引用

　図のように鉛直方向に滑らかに動くピストンがついたシリンダーに，1モルの単原子分子理想気体が閉じ込められている。ピストンの上部には液体がためられるようになっている。また，シリンダーにはピストンの上方

の位置に液体の排出口が開けられている。シリンダーは大気中に置かれ，大気圧は常にp_0であるとする。シリンダー下部にはシリンダー内の気体を加熱または冷却できる熱交換

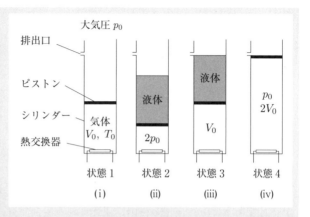

器が設置されている。シリンダーとピストンは断熱材でできており，ピストンの質量や厚みは無視できるものとする。さらに，シリンダー，ピストン，熱交換器の熱容量とためられた液体の蒸発は無視できるものとする。気体定数をRとして，以下の問に答えよ。

〔A〕はじめ，図の(i)のようにピストン上部に液体はなく，シリンダー内の気体の圧力はp_0，体積はV_0，温度はT_0であった。この状態を状態1とする。

　熱交換器を作動させずにピストン上部にある量の液体を静かに注入したところ，液体の重さによってピストンはゆっくりと下がり，図の(ii)のように液面は排出口の下方にとどまった。このとき気体の圧力は$2p_0$であった。この状態を状態2とする。

　状態2から熱交換器を作動させて気体をゆっくりと膨張させ，体積をV_0にしたところ，液体は排出口から流出することはなく，図の(iii)のように液面がちょうど排出口の下端に達した。この状態を状態3とする。

(a) 状態2の気体の体積V_2を，V_0を用いて表せ。また，状態2の気体の温度T_2をT_0を用いて表せ。
(b) 状態3の気体の温度T_3を，T_0を用いて表せ。
(c) 状態1から状態2を経て状態3に変化するまでに気体が吸収した熱量

> Q_{13} を R，T_0 を用いて表せ。ただし，熱を吸収した場合は Q_{13} は正，
> 放出した場合は負であるとする。

[A]（a）

ここでは、ピストンの上部に液体を乗せることで気体を圧縮する状況を
考えます。今回のポイントは、液体を利用して気体を状態変化させるとこ
ろにあります。

状態1→状態2で気体は断熱変化するので、ポアソンの式 $PV^\gamma = $ 一定 を
使って考えることができます。単原子分子理想気体の比熱比 $\gamma = \dfrac{5}{3}$ より、

$$p_0 V_0^{\frac{5}{3}} = 2p_0 V_2^{\frac{5}{3}}$$

の関係が成り立つとわかり、ここから $V_2 = \dfrac{V_0}{2^{\frac{3}{5}}} \ (= 2^{-\frac{3}{5}} V_0)$ と求められます。

また、ポアソンの式を $p^{1-\gamma} T^\gamma = $ 一定 の形で使うと

$$p_0^{1-\frac{5}{3}} T_0^{\frac{5}{3}} = (2p_0)^{1-\frac{5}{3}} T_2^{\frac{5}{3}}$$

より、 $T_2 = 2^{\frac{2}{5}} T_0$ と求められます。

（b）

続く変化は、気体に熱を加えて起こします。このときには液体はピスト
ンに乗ったままであり、気体の状態変化は加えた熱によって起こると考え
ることができます。

状態2→状態3では気体の圧力が $2p_0$ で一定に保たれています。よって、
状態2と3の $\dfrac{pV}{T}$ の値が等しいことは

$$\frac{2p_0 \cdot V_2}{T_2} = \frac{2p_0 \cdot V_0}{T_3}$$

第2章　熱力学編

と表せ、ここから $T_3 = \dfrac{V_0 T_2}{V_2}$ と求められます。ここへ (a) で求めた

V_2 と T_2 の値を代入して $T_3 = \underline{2T_0}$ と求められます。

(c)

　状態1→状態2で気体は断熱変化するので、Q_{13} は気体が状態2→状態3
で吸収する熱量を示します。状態2→状態3で気体は定圧変化します。単原
子分子理想気体の定圧モル比熱は $\dfrac{5}{2}R$ なので、

$$Q_{13} = 1 \times \frac{5}{2}R(T_3 - T_2) = \underline{5(1 - 2^{-\frac{3}{5}})RT_0}$$

と求められます。

問題引用

〔B〕状態3から引き続き熱交換器を作動させて気体をゆっくりと膨張させ，
排出口から液体をすべて排出すると，図の (iv) のように気体の体積は
$2V_0$ となり，圧力は大気圧と等しくなった。この状態を状態4とする。

(d) 状態3から状態4に変化するときの，圧力と体積の変化の様子を答案
　　用紙の p－V 図に示せ。

　状態3から状態4に変化する途中のある状態を状態Aとし，状態Aの気体
の圧力を p，体積を V，温度を T とする。

(e) 状態3から状態Aに変化するまでに気体が吸収した熱量 Q_{3A} は，
　　$Q_{3A} = \boxed{(\text{ア})}\, V^2 + \boxed{(\text{イ})}\, V + \boxed{(\text{ウ})}$
　　と表せる。ただし，熱を吸収した場合は Q_{3A} は正，放出した場合は
　　負であるとする。空欄 (ア) ～ (ウ) に当てはまる数式を p_0，V_0
　　のうち必要なものを用いて表せ。

(f) 状態Aの気体の温度 T は

98

$$T = \boxed{(エ)}V^2 + \boxed{(オ)}V + \boxed{(カ)}$$

と表せる。空欄（エ）〜（カ）に当てはまる数式を V_0, T_0 のうち必要なものを用いて表せ。

[B]（d）

ここからは、熱を加えるために気体が膨張し、そのために液体がこぼれていく状況を考えます。設問に従って考察していくと、このときには不思議な状態変化が起こることが見えてきます。

状態3→状態4の間、ピストン上部にある水が減るにつれて気体の圧力は小さくなっていきます。このとき、圧力の減少量は水の体積の減少量に比例します。また、水の体積の減少量は気体の体積の増加量と等しくなります。よって、気体の圧力の減少量は体積の増加量に比例するとわかります。この関係を満たしながら気体の圧力は $2p_0$ から p_0 へ変化するので、$p-V$ グラフは右のように描けます。

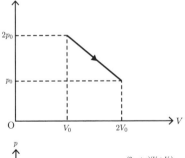

（e）

状態3→状態Aで気体が外部へした仕事 W_{3A} は、$p-V$ グラフから右のように求められます。

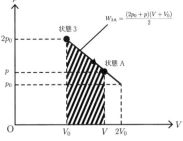

また、気体の内部エネルギーの変化 $\Delta U_{3A} = \dfrac{3}{2}pV - \dfrac{3}{2} \times 2p_0V_0$ です。よって、熱力学第1法則から

$$Q_{3A} = \Delta U_{3A} + W_{3A} = 2pV - \dfrac{pV_0}{2} + p_0V - 4p_0V_0$$

第 2 章 熱力学編

と求められます。

また、p–V グラフから $p = 2p_0 - \dfrac{p_0}{V_0}(V - V_0) = 3p_0 - \dfrac{p_0}{V_0}V$ とわかるので、これを代入して

$$Q_{3A} = -\frac{2p_0}{V_0}V^2 + \frac{15p_0}{2}V - \frac{11p_0V_0}{2}$$

と求められます。

(f)

状態Aについての気体の状態方程式は $pV = 1 \times RT$ より $T = \dfrac{pV}{R}$ とわかり、ここへ $p = 3p_0 - \dfrac{p_0}{V_0}V$ を代入して $T = \dfrac{p_0}{R}\left(3V - \dfrac{1}{V_0}V^2\right)$ と求められます。

また、状態3についての気体の状態方程式 $2p_0V_0 = 1 \times R \cdot 2T_0$ より $\dfrac{p_0}{R} = \dfrac{T_0}{V_0}$ とわかります。これを代入すると

$$T = \frac{p_0}{R}\left(3V - \frac{1}{V_0}V^2\right) = -\frac{T_0}{V_0{}^2}V^2 + \frac{3T_0}{V_0}V + 0$$

と求められます。

問題引用

(g) 状態3から状態4に変化する間に達する気体の最高温度 T_{M} を，T_0 を用いて表せ。

(h) 状態3から状態4に変化する間にある状態Bがあり，状態3から状態Bまでは気体は熱を吸収し，状態Bから状態4までは気体は熱を放出する。状態Bの気体の体積 V_{B} を，V_0 を用いて表せ。

(g)

(f) で求めた結果は $T = -\dfrac{T_0}{V_0{}^2}\left(V - \dfrac{3V_0}{2}\right)^2 + \dfrac{9T_0}{4}$ と変形できます。

100

	2022 東京工業大学｜大問❸
2.5	熱を加えても気体の温度が下がる？

ここから、$V = \dfrac{3V_0}{2}$ のときに T は最大値 $T_M = \dfrac{9T_0}{4}$ をとるとわかります。（状態3→状態4で気体の体積 V は V_0 から $2V_0$ まで変化します。$V = \dfrac{3V_0}{2}$ はこの範囲にあるため、可能であるとわかります）。

　ここからわかるのは、気体の体積が $\dfrac{3V_0}{2}$ を超えてからは、気体の温度が低下していくということです。気体は膨張を続けるのに温度が下がるというのは不思議な感じがしますが、液体がこぼれて気体の圧力が低下するためこのようなことが起こるのです。

　では、このとき気体に加える熱はどうなっているのでしょう？　それを考察するのが最後の設問です。

(h)

　(e) で求めた結果は $Q_{3A} = -\dfrac{2p_0}{V_0}\left(V - \dfrac{15V_0}{8}\right)^2 + \dfrac{49p_0V_0}{32}$ と変形できます。ここから、$V = \dfrac{15V_0}{8}$ のときに Q_{3A} は最大値をとるとわかります（状態3→状態4で気体の体積 V は V_0 から $2V_0$ まで変化します。$V = \dfrac{15V_0}{8}$ はこの範囲にあるため、可能であるとわかります）。

　気体の体積が V_0 から $\dfrac{15V_0}{8}$ まで変化する間は、気体が（状態3からトータルで）吸収する熱量が増加します。これは、気体の体積が $\dfrac{15V_0}{8}$ になるまでは気体が吸熱を続けるからです。そして、気体の体積が $\dfrac{15V_0}{8}$ よりさらに大きくなると（状態3からトータルで）吸収する熱量が減少します。

　このことは、体積が $\dfrac{15V_0}{8}$ を超えて大きくなるときには気体が放熱することを示します。以上のことから $V_B = \dfrac{15V_0}{8}$ とわかります。

　わかったことを整理すると、気体の体積が

$\dfrac{3V_0}{2}$ から $\dfrac{15V_0}{8}$ まで増加するとき：気体は熱を吸収する、温度は低下する

$\dfrac{15V_0}{8}$ から $2V_0$ まで増加するとき：気体は熱を放出する、温度は低下する

101

第**2**章 熱力学編

となります。

> **◀Point▶**
>
> 熱を吸収するのに温度が下がったり、熱を放出して冷めているにもかかわらず膨張したりするのは不思議に思えますが、液体がこぼれて気体の圧力が低下するために可能となるのです。

なお、状態3→状態4での気体の内部エネルギーの変化

$\Delta U_{34} = \dfrac{3}{2} p_0 \times 2V_0 - \dfrac{3}{2} \times 2p_0 V_0 = 0$ です。よって、状態3→状態4で気

体が吸収した熱 $Q_{34} = -\dfrac{2p_0}{V_0}(2V_0)^2 + \dfrac{15p_0}{2} \times 2V_0 - \dfrac{11p_0 V_0}{2} = \dfrac{3p_0 V_0}{2}$

は、すべて外部への仕事 $W_{3A} = \dfrac{(2p_0 + p_0)(2V_0 - V_0)}{2} = \dfrac{3p_0 V_0}{2}$ となります。

> **▶ここが面白い◀**
>
> さて、気体は大気の力と液体がピストンを押す力に逆らって、ピストンを押します。大気の力に逆らってピストンを動かす仕事は $p_0 V_0$ です。よって、残りの $\dfrac{3p_0 V_0}{2} - p_0 V_0 = \dfrac{p_0 V_0}{2}$ が液体の力に逆らってピストンを動かす仕事だとわかります。ここで、液体の質量を M とすると、液体がピストンを押す力の大きさ（＝液体の重力の大きさ）は Mg と表せ（g：重力加速度の大きさ）、状態2から状態3でのピストンにはたらく力のつりあいは $2p_0 S = Mg + p_0 S$ と書けます（S：ピストンの断面積）。ここから $M = \dfrac{p_0 S}{g}$ とわかります。そして、状態3→状態4で液体すべての位置が排出口の位置まで変化します。状態3では液体の重心が排出口から $\dfrac{V_0}{2S}$ だけ低い位置にあるので、状態3→状態4で液体の高さが $\Delta h = \dfrac{V_0}{2S}$ だけ大きくなったとわかります。よって、重力による位置エネルギーが $Mg\Delta h = \dfrac{p_0 S}{g} \times g \times \dfrac{V_0}{2S} = \dfrac{p_0 V_0}{2}$ だけ大きくなっています。
>
> この値は、気体が液体の力に逆らってピストンを動かした力と一致することがわかります。

102

と表せ、$\dfrac{\theta}{2}$ が小さければ $\sin\dfrac{\theta}{2} \fallingdotseq \dfrac{\theta}{2}$ と近似できることから

$p - p_0 \fallingdotseq \dfrac{2\sigma}{r}$ と求められます。これは、設問 (3) で求められた関係と一致します。

　さて、$f = \sigma r\theta$ はゴム膜の幅が $r\theta$ の部分を引き伸ばすのに必要な力の大きさを表します。ここから、σ はゴム膜の幅が単位長さとなっている部分を引き伸ばすのに必要な力の大きさを示すとわかります。

　風船が大きく膨らむほど、もとの形に戻ろうとする力は大きくなるでしょう。風船の膨張の度合いが、σ に影響します。風船の膨張の度合いは、ひずみ $= \dfrac{r - r_0}{r_0}$ （r_0：膨らむ前の風船の半径）によって表すことができます。σ はひずに比例して変化します。

　ただし、膨張するほど風船の膜は薄くなります。そのため、幅が単位長さの部分の断面積は小さくなり、σ は小さくなっていきます。膜自体の体積は「面積 × 厚さ」と求められます。面積は r^2 に比例して変化するので、厚さは $\dfrac{1}{r^2}$ に比例して変化します。よって、σ は $\dfrac{1}{r^2}$ に比例して変化することになります。

> ### Point
>
> 　ここまで考察してきたことをまとめると、σ は $\dfrac{r - r_0}{r_0} \times \dfrac{1}{r^2}$ に比例することがわかります。ここから、$\sigma(r) = a\dfrac{r - r_0}{r^2}$ とすることができます（設問Ⅲで示される関係式です）。そして、これを用いると
> $p \fallingdotseq p_0 + \dfrac{2\sigma}{r} = p_0 + 2a\dfrac{r - r_0}{r^3}$ のように風船を膨らませるのに必要な圧力が r によってどのように変化するのかが示されるのです（変化の仕方については、設問Ⅲで考えます）。

問題引用

II 図3−2のように,小さな弁がついた細い管の両端に係数 σ の風船がついており,中には同じ温度の理想気体が封入され,気体の温度は常に一定に保たれている。最初,弁は閉じており,風船の半径はそれぞれ r_A, r_B である。管内と弁

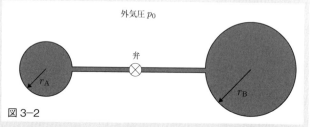

図3−2

の体積,ゴム膜の厚みを無視し,係数 σ は一定とする。また,風船がしぼみきった場合,風船の半径は無視できるほど小さくなるものとする。

(1) $r_A < r_B$ の場合に弁を開いて起こる変化について,空欄[ア]と[イ]に入る最も適切な語句を選択肢①〜④から選べ。また,下線部についての理由を簡潔に答えよ。

弁を開くと気体は管を通り,半径の[ア]風船からもう一方の風船に移る。十分時間が経った後の風船は,片方が半径 r_C で[イ]。
①大きい ②小さい
③他方も半径 r_C になる ④他方はしぼみきっている

(2) σ を p_0, r_A, r_B および,設問II (1) で与えられた r_C を用いて表せ。

(1)

　続いては、大きさの異なる2つの風船の口をつないだときに起こる変化を考える設問です。いったいどのようなことが起こるのでしょう? なお、設問IIでは先ほど考察した r による σ の変化は無視します。

2.6 2023 東京大学｜大問❸
風船は膨らませはじめるときが一番大変？

　Ⅰ (3) では風船内に入れられた液体の圧力を求めましたが、気体が封入されていても圧力は同様に求められます。よって、風船の半径 r が小さいほど中の気体の圧力は大きくなるとわかります。よって、内部の気体は半径の小さい風船から半径の大きい風船へと移ります。

　気体は小さい風船から大きい風船へ移動するので、半径が等しくなることはなく差が広がっていきます。そして、やがて片方の風船はしぼみきってしまいます。

(2)

　気体の状態方程式 $PV = nRT$ から、気体の物質量 $n = \dfrac{PV}{RT}$ と求められます。弁を開く前後に各風船内にある気体の物質量は、ここへそれぞれの値を代入して求められます。そして、2つの風船内の気体の物質量の和は弁を開く前後で変わりません。このことは、一定に保たれる気体の温度を T として

$$\frac{(p_0 + \frac{2\sigma}{r_A})\frac{4}{3}\pi r_A{}^3}{RT} + \frac{(p_0 + \frac{2\sigma}{r_B})\frac{4}{3}\pi r_B{}^3}{RT} = \frac{(p_0 + \frac{2\sigma}{r_C})\frac{4}{3}\pi r_C{}^3}{RT}$$

と表せ、ここから $\sigma = \dfrac{(r_C{}^3 - r_A{}^3 - r_B{}^3)p_0}{2(r_A{}^2 + r_B{}^2 - r_C{}^2)}$ と求められます。

問題引用

Ⅲ　実際の風船では，膜張力の大きさを特徴づける係数 σ は一定ではなく，半径 r の関数として変化する。以下の設問では，風船の係数 σ は関係式

$$\sigma(r) = a\frac{r - r_0}{r^2} \quad (r \geqq r_0 > 0)$$

に従うと仮定する。ここで a と r_0 は正の定数であり，温度によって変化しないものとする。風船の半径は常に r_0 より大きいものとする。

(1)　図3−3のように，理想気体が封入され，風船の半径がどちらも r_D

109

の場合を考え
る。弁を
開いて片方
の風船を手
でわずかに
しばませた

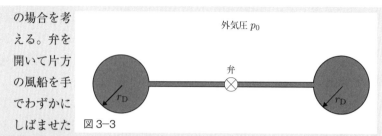

図3-3

後，手を放したところ，風船の大きさは変化し，半径が異なる二つの風船となった。r_D が満たすべき条件を答えよ。ただし，気体の温度は一定に保たれているとする。

(2) 設問III (1) で十分時間が経った後，弁を開いたまま，二つの風船内の気体の温度をゆっくりとわずかに上げた。風船の内圧は高くなったか，低くなったか，理由と共に答えよ。必要ならば，図を用いてよい。

(3) 設問III (2) で十分時間が経った後，今度は風船内の気体の温度をゆっくりと下げた。二つの風船の半径を温度の関数として図示するとき，最も適切なものを図3-4の①〜⑥から一つ選べ。

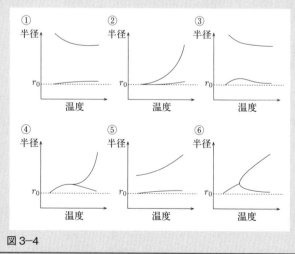

図3-4

2.6 風船は膨らませはじめるときが一番大変？

2023 東京大学｜大問❸

(1)

設問Ⅱでは、r による σ の変化を無視して考えました。しかし、先ほど述べた通り実際には σ の値は r によって変化します。設問Ⅲは、そのことを踏まえて考察します。

与えられた関係式 $\sigma(r) = a\dfrac{r-r_0}{r^2}$ を Ⅰ (3) で求めた式へ代入すると、

$p = p_0 + 2a\dfrac{r-r_0}{r^3}$ となります。これについて、$\dfrac{\mathrm{d}p}{\mathrm{d}r} = 2a\dfrac{-2r+3r_0}{r^4}$ より右図のような関係がわかります。

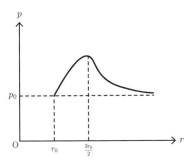

ここから、風船をわずかにしぼませて半径 r が小さくなったとき、

$r > \dfrac{3}{2}r_0$ の場合：圧力 p は大きくなる ……①

$r < \dfrac{3}{2}r_0$ の場合：圧力 p は小さくなる ……②

のように、r によって圧力 p の変化の仕方が異なることがわかります。

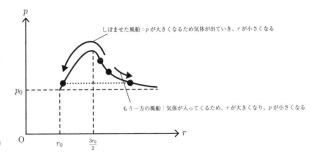

そして、①の場合はそれぞれの風船の r と p が上図のように変化するため、異なる半径でつりあうようになるとわかります。

これに対して、②の場合はそれぞれの風船の r と p が次のように変化するため、同じ半径でつりあうようになるとわかります。

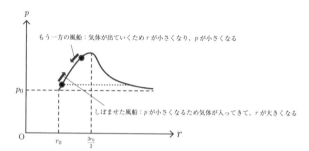

以上のことから、求める条件は $r_D > \dfrac{3}{2}r_0$ とわかります。

> **Point**
>
> 　以上が、r による σ の変化を踏まえた考察です。r_0 は膨らませる前の風船の半径と考えられるので、風船を少し膨らませれば $r_D > \dfrac{3}{2}r_0$ の条件は満たされます。つまり、少しでも膨らませた風船どうしを繋げたら、異なる半径でつりあうようになるのです。
>
> 　そして、そのとき片方の風船の半径は $\dfrac{3}{2}r_0$ より小さくなることもわかりました。これは、ほぼ元の大きさに戻った状態です。

以上のことから、r による σ の変化を踏まえても設問Ⅱで求めたのと同じ結論が得られると理解できます。

> **▶ここが面白い◀**
>
> 　なお、冒頭で述べた「風船は最初は膨らませるのが大変だけれども、途中からはラクになる」理由も求めた $p-r$ グラフからわかります。p が最大になるまでは膨らませるのが大変ですが、それを過ぎると p は急激に小さくなるのです。

(2)

　気体の温度がわずかに上がると、気体はわずかに膨張します。

　すると圧力差が生まれるので、圧力が大きい方（半径が小さい方）からもう一方へ気体が移動します。そして、

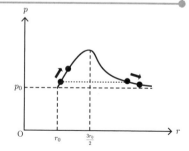

112

2.6 | 2023 東京大学｜大問❸
風船は膨らませはじめるときが一番大変？

右のように変化します。

このようにして、風船内の圧力がより低くなった状態でつりあうことになります。

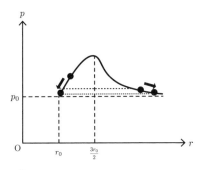

(3)
風船内の温度が下がると、Ⅲ（2）と逆の変化が起こります。すなわち、風船内の圧力が高くなっていくのです。

そして、両者の半径はともに $\dfrac{3r_0}{2}$

となります。

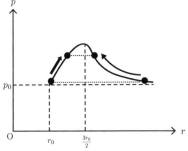

このように半径が等しくなったあとも温度を下げつづければ、どちらも同じように収縮して半径が小さくなっていきます。

以上に合致するのは⑥であり、これが正解となります。

> **Point**
>
> ④も正しいように思えるかもしれませんが、半径が大きい側が温度上昇により急激に半径が大きくなっているところから、間違いとわかります。Ⅲ（1）で求めたグラフから、半径が大きい側の半径が大きくなっていくとき、圧力は p_0 に収束することがわかります。このとき体積と温度がほぼ比例しながら変化することになります。体積は半径の3乗に比例するので、半径$^3 \propto$ 温度、すなわち 半径 $\propto$ 温度$^{\frac{1}{3}}$ のように変化することになります。

114

第3章 波動編

3.1
2023 慶應義塾大学（医学部）｜大問 ❷ 問 1 ★★★☆☆

光は最短時間経路を選んでいる！ ……116

3.2
2021 東北大学（後期）｜大問 ❸ ★★★★☆

気温や気圧が変わるとシャボン玉の虹が変化する？ ……120

3.3
2023 慶應義塾大学（医学部）｜大問 ❷ 問 2 ★★☆☆☆

角膜が盛り上がっているのには理由がある？ ……130

3.4
2021 名古屋市立大学（医学部）｜大問 ❹ ★★★★☆

視力の上限が2.0なのはなぜ？ ……134

3.5
2022 岐阜大学｜大問 ❸ ★★★☆☆

船や航空機の位置を探知する方法とは？ ……144

3.6
2021 金沢大学｜大問 ❺ ★★★★☆

ほんのわずかな視野角を測定できる恒星干渉計の秘密 ……151

3.7
2018 名古屋市立大学（医学部）｜大問 ❸ -2 ★★★☆☆

数百倍に拡大できる光学顕微鏡の秘密 ……162

3.8
2022 長崎大学｜大問 ❸ - Ⅱ ★★★★☆

天体望遠鏡に長い筒が必要な理由 ……168

★☆☆☆☆	★★☆☆☆	★★★☆☆	★★★★☆	★★★★★

易 ←――――――――――――――――→ 難

※難易度は著者の主観による目安であり、大学が設定したものではありません。

3.1 2023 慶應義塾大学（医学部）｜大問❷ 問1
光は最短時間経路を選んでいる！

この問題で扱うのは、光の屈折です。光は、異なる媒質の境界面を通過するときに進行方向を変えます。これが屈折です。

光の屈折の仕方をまとめたのが「屈折の法則」です。

屈折の法則：$\sin\theta_1 = n\sin\theta_2$

光は実際にこの法則に従う経路を進みます。光はどうしてこのような経路を進むのでしょう？ その理由はホイヘンスの原理というものによっ

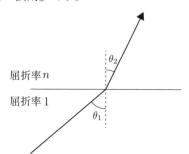

て明らかにされますが、ここでは少し違ったアプローチをします。光は目的地まで「最短時間でたどり着くことができる経路」を選ぶのだという考え方です。この考え方は「フェルマーの原理」と呼ばれます。

本当に、光はそんな道を選んでいるのでしょうか？ そのことを確かめられるのが、今回の問題です。

問題引用

光に関する以下の問に答えよ。真空中の光速を c とする。

問1 図1のように，y 軸の正の領域での光速を $\dfrac{c}{n}$，ただし $n>1$，y 軸の負の領域での光速を c とし，x，y，Δx，$x_1 - x$ を正とする。

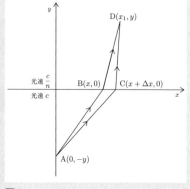

図1

$$\boxed{3.1}$$ **2023 慶應義塾大学（医学部）｜大問❷ 問1**

光は最短時間経路を選んでいる！

(a) 点A $(0, -y)$ から発せられた光が点B $(x, 0)$ において屈折し，点 D (x_1, y) に到達したと仮定する。このとき，光が進むために要した時間 t を答えよ。

(b) 点A $(0, -y)$ から発せられた光が点C $(x + \Delta x, 0)$ において屈折し，点 D (x_1, y) に到達したと仮定し，このとき光が進むために要した時間 を t' とおく。 $c(t' - t) \fallingdotseq \boxed{あ} \Delta x$ として近似した場合の$\boxed{あ}$を $x, y,$ x_1, n を用いて答えよ。ただし，$\Delta x \ll x$（Δx が x より十分に小さい） および $\Delta x \ll x_1 - x$ を仮定し，

$$\sqrt{(x + \Delta x)^2 + y^2} \fallingdotseq \sqrt{x^2 + y^2} + \frac{x \Delta x}{\sqrt{x^2 + y^2}}$$

を用いて近似せよ。もしくは，r を実数として $|h| \ll 1$ のとき成立す る近似式 $(1 + h)^r \fallingdotseq 1 + rh$ を用いて近似せよ。また， $(\Delta x)^2$ に比例 した項を無視せよ。

(c) (b) における$\boxed{あ}$$= 0$ と屈折の法則との関連について考察し，式を用い て説明せよ。

━━━━━━━━━━━━━━━━━━━━━━━━━━━━━━━━━━━━━━

(a)

光は点Aを出発し、点Dを目的地として進んでいきます。まずは、Aか らBを経由してDにたどり着く場合にかかる時間を求めます。

AからBまでの距離は三平方の定理から $\sqrt{x^2 + y^2}$ とわかり、光はここ を速さ c で進むためかかる時間は $\dfrac{\sqrt{x^2 + y^2}}{c}$ です。また、BからDまで の距離は $\sqrt{(x_1 - x)^2 + y^2}$ であり、光はここを速さ $\dfrac{c}{n}$ で進むためかか る時間は $\dfrac{\sqrt{(x_1 - x)^2 + y^2}}{\frac{c}{n}} = \dfrac{n\sqrt{(x_1 - x)^2 + y^2}}{c}$ となります（$y > 0$ の 領域で光の進む速さが $\dfrac{1}{n}$ 倍になるのは、$y > 0$ の領域の屈折率が n であ るためです）。

117

第3章 波動編

以上のことから、 $t = \dfrac{\sqrt{x^2 + y^2}}{c} + \dfrac{n\sqrt{(x_1 - x)^2 + y^2}}{c}$ と求められます。

(b)

(a) と同様に考えると、

$$t' = \frac{\sqrt{(x + \Delta x)^2 + y^2}}{c} + \frac{n\sqrt{(x_1 - x - \Delta x)^2 + y^2}}{c}$$ と求められます。

与えられた近似式を使うとこれは

$$t' \fallingdotseq \frac{1}{c}\left\{ \sqrt{x^2 + y^2} + \frac{x\Delta x}{\sqrt{x^2 + y^2}} + n\left(\sqrt{(x_1 - x)^2 + y^2} - \frac{(x_1 - x)\Delta x}{\sqrt{(x_1 - x)^2 + y^2}} \right) \right\}$$

とでき、ここから (a) の結果を用いて

$$c\left(t' - t\right) \fallingdotseq \left(\frac{x}{\sqrt{x^2 + y^2}} - \frac{n(x_1 - x)}{\sqrt{(x_1 - x)^2 + y^2}} \right) \Delta x$$

と求められます。

※ (a) で求めた $t = \dfrac{\sqrt{x^2 + y^2}}{c} + \dfrac{n\sqrt{(x_1 - x)^2 + y^2}}{c}$ を x で微分すると、

$$\frac{\mathrm{d}t}{\mathrm{d}x} = \frac{1}{c}\left(\frac{x}{\sqrt{x^2 + y^2}} - \frac{n(x_1 - x)}{\sqrt{(x_1 - x)^2 + y^2}} \right)$$

すなわち $c\Delta t \fallingdotseq \left(\dfrac{x}{\sqrt{x^2 + y^2}} - \dfrac{n(x_1 - x)}{\sqrt{(x_1 - x)^2 + y^2}} \right) \Delta x$ の関係を得ること

ができます。

(c)

t（光がAからDへたどり着くのにかかる時間）は x によって変わります。

118

3.1 光は最短時間経路を選んでいる！

(b) で求めた $\dfrac{dt}{dx} = \dfrac{1}{c}\left(\dfrac{x}{\sqrt{x^2+y^2}} - \dfrac{n(x_1-x)}{\sqrt{(x_1-x)^2+y^2}}\right)$ の値は、x がある値（$x=x_0$ とします）のときに0となり、$x<x_0$ のときには負、$x>x_0$ のときには正となります。すなわち、$x<x_0$ のときには x の増加とともに t が減少、$x>x_0$ のときには x の増加とともに t が増加するということです。このことから、$x=x_0$ のときに t は最小となるとわかります。

設問文で示されている $\dfrac{x}{\sqrt{x^2+y^2}} - \dfrac{n(x_1-x)}{\sqrt{(x_1-x)^2+y^2}} = 0$ の関係式は、t が最小となるときに成り立つものだとわかります。そこで、この関係式を変形してみます。

図の状況で入射角 θ_1、屈折角 θ_2 はそれぞれ右図のように表せます。

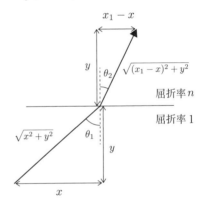

ここから $\sin\theta_1 = \dfrac{x}{\sqrt{x^2+y^2}}$、$\sin\theta_2 = \dfrac{x_1-x}{\sqrt{(x_1-x)^2+y^2}}$ とわかります。このことから、先ほどの関係式は $\sin\theta_1 - n\sin\theta_2 = 0$、すなわち $\sin\theta_1 = n\sin\theta_2$ と表せることがわかります。これは、屈折の法則そのものであるとわかります。

> ▶ **ここが面白い** ◀
>
> 以上のことからわかるのは、屈折の法則を満たして進む光は、「目的地へたどり着くのにかかる時間 t を最小にする経路を選んで進んでいる」ということです。

3.2 2021 東北大学（後期）| 大問❸
気温や気圧が変わると シャボン玉の虹が変化する？

　シャボン玉を飛ばすとき、光が当たるとシャボン玉に虹が見えます。きれいに色づいて見えることでシャボン玉遊びが一層楽しくなりますが、どうして虹が見えるのでしょう？

　シャボン玉の虹は、光の干渉によって生まれます。今回の問題では、このことについて考察します。

　そして、虹が見える仕組みにとどまらず、気温や気圧が変化することで虹に生じる変化についても考えます。シャボン玉の虹の見え方は、気温や気圧によって変わるのです。どのような仕組みでそうなるのか、問題を解きながら考えてみましょう。

> **問題引用**
>
> 光の干渉に関する以下の問 (1), (2) に答えよ．結果だけでなく，考え方や計算の過程も説明せよ．
>
> 問 (1) 図1のような空気(屈折率1)中にある膜厚 d, 屈折率 $n(n > 1)$ の平らな薄膜による光の干渉を考える．波長 λ の単色光を薄膜に入射角 θ_1 で入射させたところ，経路1で示すように境界面1から屈折角 θ_2 で薄膜内に入り境界面2で反射する光と，経路2で示すように境界面1で反射する光
>
>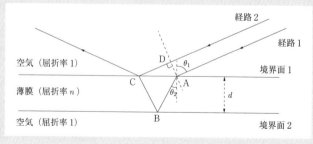
>
> 図1

3.2 気温や気圧が変わるとシャボン玉の虹が変化する？

が干渉した。経路1と2つの境界面との交点を図1のようにA，B，Cとし，経路2上で，入射光の位相が点Aと同位相である点をDとする。

(a) $\sin\theta_2$ を，d, n, θ_1 の中から必要なものを用いて表せ。
(b) 経路ABCの光路長 L_1 を，d, n, θ_2 の中から必要なものを用いて表せ。
(c) 経路DCの光路長 L_2 を，d, n, θ_2 の中から必要なものを用いて表せ。

---

(1)
(a)

　シャボン玉は、薄い膜でできています。この膜で光が反射することで虹が生じます。それは、膜の表面で反射する光と、いったん膜の中に進んでから膜の内側の空気との境界面で反射する光とが干渉するためです。2つの光が強めあう方向は、光の波長(色)によって変わります。その結果、それぞれの色の光が異なる方向に反射されることになり、虹が見えるようになるのです。

　空気中から薄膜中へ進む光は、境界面で屈折します。このときに成り立つ屈折の法則は

$$1 \times \sin\theta_1 = n \times \sin\theta_2$$

と書け、ここから $\sin\theta_2 = \dfrac{\sin\theta_1}{n}$ と求められます。

(b)

　薄膜中を進む光はBで反射の法則(入射角と反射角が等しくなる)を満たしながら反射します。

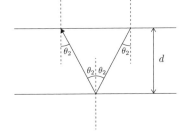

　よって、経路ABCの実際の距離は

$$\frac{d}{\cos\theta_2} \times 2 = \frac{2d}{\cos\theta_2}$$

です。経路ABCは屈折率 n の媒質中にあるため光路長はこの n 倍、すなわち $L_1 = \dfrac{2nd}{\cos\theta_2}$ と求められます。

memo

　屈折率 n の媒質中で，光の波長は $\frac{1}{n}$ 倍になります（$n > 1$ なので，波長は縮みます）。このとき，光にとっては媒質中での距離が n 倍になったように感じられます（自分の身体が小さくなったら周りの空間が広くなって見えるのに例えられます）。実際の距離を n 倍するのはこのためであり，「光路長」は「光から見た距離」と言えます。

(c)

　今度は，経路DCの光路長を求めます。
経路DCの実際の距離は
$2d\tan\theta_2 \times \sin\theta_1$ です。

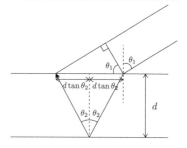

　ここで，(a)で求めた関係から
$\sin\theta_1 = n\sin\theta_2$ とわかります。これを代入して，実際の距離は
$$2d\tan\theta_2 \sin\theta_1 = 2nd\tan\theta_2 \sin\theta_2$$
と求められます。経路DCは屈折率 1 の媒質中にあるので，これが経路DCの光路長となります（ $L_2 = \underline{2nd\tan\theta_2 \sin\theta_2}$ ）。

問題引用

(d) 経路1と経路2の光が干渉によって強めあうための条件式を，$d, n, \theta_2, \lambda, m$ の中から必要なものを用いて表せ。ただし，m は 0 以上の任意の整数を表す。

(e) 波長 λ の単色光の代わりに，可視光領域のすべての波長（3.8×10^{-7} m ～ 7.7×10^{-7} m）が混ざった白色光を $\theta_1 = 45°$ の方向から入射した。$d = 1.5 \times 10^{-7}$ m，$n = \sqrt{2}$ としたとき，光が干渉する様子を観測した結果として最も適切なものを(ア)～(エ)の中から一つ選べ。
　(ア) 暗くなり，色づいて見えなかった。
　(イ) 青く色づいて見えた。

（ウ）赤く色づいて見えた。

（エ）明るく見えたが色合いは感じられなかった。

(d)

(b)、(c)で求めた値から、干渉する2つの光の光路差は

$$L_1 - L_2 = \frac{2nd}{\cos\theta_2} - 2nd\tan\theta_2\sin\theta_2$$

$$= \frac{2nd}{\cos\theta_2} - \frac{2nd\sin^2\theta_2}{\cos\theta_2}$$

$$= \frac{2nd\left(1 - \sin^2\theta_2\right)}{\cos\theta_2} = 2nd\cos\theta_2$$

だとわかります。干渉する光が固定端反射（位相が反転する反射）をすることがなければ、この光路差が

$$2nd\cos\theta_2 = m\lambda$$

を満たすときに2つの光は強めあうことになります。しかし、今回は経路2の光がCで固定端反射します（境界面の向こう側にある薄膜の方が、境界面の手前の空気より屈折率が大きいためです）。よって、

$$2nd\cos\theta_2 = \left(m + \frac{1}{2}\right)\lambda$$

が満たされるときに2つの光は強めあうことになります。

memo

　干渉する光どうしが強めあうか弱めあうかは、光路差によって決まります。光路差が光の波長の整数倍なら強めあうのが基本ですが、位相が反転する固定端反射によって条件が変わります。

(e)

$\theta_1 = 45°$ 、 $n = \sqrt{2}$ のとき、(a)で求めた関係を使って

$$\sin\theta_2 = \frac{\sin\theta_1}{n} = \frac{\sin 45°}{\sqrt{2}} = \frac{1}{2}$$

とわかり、 $\theta_2 = 30°$ とわかります。

　これと問題文で与えられた値を(d)で求めた条件へ代入すると

第 3 章 波動編

$$2\sqrt{2} \times 1.5 \times 10^{-7} \times \cos 30° = \left(m + \frac{1}{2}\right)\lambda$$

となり、これを満たす $\lambda = \dfrac{3\sqrt{6}}{2m+1} \times 10^{-7}$ m です。

$m = 0, 1, 2, \cdots$ を代入すると $\lambda = 3\sqrt{6} \times 10^{-7}$ m 、 $\sqrt{6} \times 10^{-7}$ m 、

$\dfrac{3\sqrt{6}}{5} \times 10^{-7}$ m 、 $\cdots$ と求められます。これらの中で可視光領域の波長

に相当するのは $3\sqrt{6} \times 10^{-7} \fallingdotseq 7.3 \times 10^{-7}$ m だけです

($\sqrt{6} \times 10^{-7} \fallingdotseq 2.4 \times 10^{-7}$ m は可視光より短い波長です。それ以降の値は
より小さくなるため、可視光領域に相当する値は1つだけだとわかります)。

設問文で示されている可視光領域の波長の中で、 7.3×10^{-7} m は波長
が長い方であるとわかります。これは、赤色の光の波長です（可視光の中
で最も波長が長いのは赤色の光です。青色は可視光の中で波長が短い光で
す)。よって、この条件下では赤色の光だけが強めあうことになるのです（正
解は（ウ））。

▶**ここが面白い**◀

　この設問では、光が薄膜へ $\theta_1 = 45°$ の方向から入射する場合を考えま
した。 θ_1 の値が変われば θ_2 の値も変わり、（d）で求めた条件を満たす光
の波長 λ も変わります。つまり、光の波長（色）によって強めあう方向
が異なることが分かるのです。それぞれの色の光が異なる方向で強めあう
ことで、虹が見られるようになるのです。

　問題引用

問（2）圧力を変えることができる部屋の中にある，シャボン玉の表面で
の干渉を考える。あらゆる方向からきた波長 λ の単色光が干渉を起こす
様子を，図2のように十分に遠くから観測する。なお，シャボン玉の膜は
屈折率 $n(n > 1)$ の液体でできており，常に膜厚が一様な完全な球殻とみ
なすことができるものとする。また，シャボン玉の膜厚は半径に比べて十
分に小さいものとし，干渉の条件は，問（1）（d）の結果がそのまま使え

124

るものとする。
シャボン玉の膜以外の部分は，屈折率1の空気（理想気体とみなす）で満たされており，空気がシャボン玉の膜を通り抜けることはないとする。部屋とシャボン玉の内部で，圧力および温度は同じとみなせるものとする。また，シャボン玉の内部に入った光の寄与は考えなくてよい。

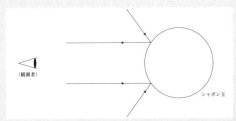 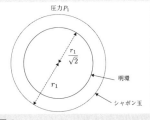

図2　　　　　　　　　　　　　図3

(a) 最初，部屋の圧力が P_1 のとき，観測者からシャボン玉を見ると図3のようにシャボン玉は半径 r_1 の円形に見え，その内側の半径 $\frac{r_1}{\sqrt{2}}$ ところで光が強めあう領域（明環）が1つ見えた。シャボン玉の膜厚を d_1 としたとき，問 (1) (d) の結果を用いて，波長 λ を，n, r_1, d_1 の中から必要なものを用いて表せ。ただし，λ は $\lambda > 2nd_1$ を満たすものとする。

(2)

(a)

今度は、シャボン玉を作る場所の圧力を変えたときに、見られる虹にどのような変化が生じるか考えます。

遠方にいる観測者に半径 $\frac{r_1}{\sqrt{2}}$ の明環が見られるのは、次のように反射した光が強めあうときです。

図から、薄膜への入射角に相当する $\theta_1 = 45°$ とわかります。

このとき、問1 (a) で求めた関係から

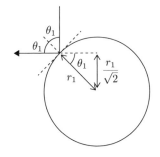

$$\sin\theta_2 = \frac{\sin\theta_1}{n} = \frac{\sin 45°}{n} = \frac{1}{\sqrt{2}n}$$

とわかります。これを用いて、

$$\cos\theta_2 = \sqrt{1-\sin^2\theta_2} = \sqrt{1-\frac{1}{2n^2}}$$

と表せ、これを問1（d）で求めた関係へ代入すると

$$2nd_1\sqrt{1-\frac{1}{2n^2}} = \left(m+\frac{1}{2}\right)\lambda$$

となります。ここから、この明環を作る光の波長 $\lambda = \dfrac{4nd_1\sqrt{1-\frac{1}{2n^2}}}{2m+1}$ と

求められます。

$m = 0, 1, 2, \cdots$ を代入すると $\lambda = 4nd_1\sqrt{1-\dfrac{1}{2n^2}}$、$\dfrac{4}{3}nd_1\sqrt{1-\dfrac{1}{2n^2}}$、

$\dfrac{4}{5}nd_1\sqrt{1-\dfrac{1}{2n^2}}$、…と求められます。この中で $2nd_1$ より大きいのは

$4nd_1\sqrt{1-\dfrac{1}{2n^2}}$ だけであり（$n>1$ より $1-\dfrac{1}{2n^2} > \dfrac{1}{2}$ であることから、

<u>$2nd_1$ より大きい</u>とわかります）、これが求める値です。

問題引用

(b) 次に、部屋の温度を一定に保ったまま、部屋の圧力を P_2 までゆっくり下げていくと、図4のようにシャボン玉の半径は r_2、膜厚は d_2 になった。シャボン玉の膜の液体の量や密度は変化しないものとして、$\dfrac{d_2}{d_1}$ を、P_1、P_2、λ の中から必要なものを用いて

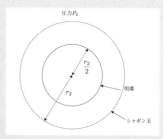

図4

3.2 | 2021 東北大学（後期）| 大問**❸**
気温や気圧が変わると
シャボン玉の虹が変化する？

表せ。ただし，シャボン玉の膜厚は十分小さいため，膜の体積はシャボン玉の表面積と膜厚の積で表せるとしてよい。

(c) 問 (2) (b) で部屋の圧力が P_2 になったとき，図4のように，問 (2) (a) で観測された明環の半径は $\dfrac{r_2}{2}$ になった。$\dfrac{P_2}{P_1} = a$ としたとき，シャボン玉の膜の液体の屈折率 n を，a を用いて表せ。

(b)

膜の表面積は，半径が r_1 のときには $4\pi r_1{}^2$、r_2 のときには $4\pi r_2{}^2$ となります。よって、膜自体（膜の内部は含まず、シャボン液で満たされている部分）の体積は

半径が r_1 のとき： $4\pi r_1{}^2 \times d_1$

半径が r_2 のとき： $4\pi r_2{}^2 \times d_2$

となります。シャボン液の量が変わらず密度も変わらなければ、膜自体の体積は一定に保たれます。よって

$$4\pi r_1{}^2 d_1 = 4\pi r_2{}^2 d_2$$

の関係がわかり、ここから $\dfrac{d_2}{d_1} = \dfrac{r_1{}^2}{r_2{}^2}$ と求められます。

このとき、膜の内部の気体の体積が変わるのは、部屋の圧力を変えることで気体の圧力が変わるからです。気体の温度は一定に保たれているため、圧力と体積は反比例しながら変化します。このことは

$$P_1 \times \frac{4}{3}\pi r_1{}^3 = P_2 \times \frac{4}{3}\pi r_2{}^3$$

と表せ、ここから $\dfrac{r_1{}^2}{r_2{}^2} = \left(\dfrac{P_2}{P_1}\right)^{\frac{2}{3}}$ とわかります。

以上のことから、$\dfrac{d_2}{d_1} = \underline{\left(\dfrac{P_2}{P_1}\right)^{\frac{2}{3}}}$ と求められます。

(c)

気圧が変わることで、シャボン膜の厚さが変わることがわかりました。

127

このとき、問1（d）で求めた関係から膜の厚さが変わることで同じ波長の光が強めあうときの膜への入射角が変わることがわかります。そのため、明環の大きさが変わるのです。

遠方にいる観測者に図4のような明環が見えるのは、右のように反射した光が強めあうときです。

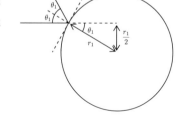

図から、薄膜への入射角に相当する $\theta_1 = 30°$ とわかります。

このとき、問1（a）で求めた関係から

$\sin\theta_2 = \dfrac{\sin\theta_1}{n} = \dfrac{\sin 30°}{n} = \dfrac{1}{2n}$ とわかります。これを用いて、

$$\cos\theta_2 = \sqrt{1-\sin^2\theta_2} = \sqrt{1-\dfrac{1}{4n^2}}$$

と表せ、これを問1（d）で求めた関係へ代入すると

$$2nd_2\sqrt{1-\dfrac{1}{4n^2}} = \left(m+\dfrac{1}{2}\right)\lambda$$

となります。$m=0$ のとき $\lambda = 4nd_2\sqrt{1-\dfrac{1}{4n^2}}$ であり、これが(a)で求めた波長（$m=0$のときの波長）と等しいことから

$$4nd_2\sqrt{1-\dfrac{1}{4n^2}} = 4nd_1\sqrt{1-\dfrac{1}{2n^2}}$$

より、$\dfrac{d_2}{d_1} = \dfrac{\sqrt{1-\dfrac{1}{2n^2}}}{\sqrt{1-\dfrac{1}{4n^2}}}$ とわかります。

これと、(b)で求めた関係 $\dfrac{d_2}{d_1} = \left(\dfrac{P_2}{P_1}\right)^{\frac{2}{3}} = a^{\frac{2}{3}}$ とから

$$a^{\frac{2}{3}} = \dfrac{\sqrt{1-\dfrac{1}{2n^2}}}{\sqrt{1-\dfrac{1}{4n^2}}}$$

2021 東北大学（後期）｜大問❸

3.2 気温や気圧が変わると
シャボン玉の虹が変化する？

すなわち $n = \dfrac{1}{2}\sqrt{\dfrac{2 - a^{\frac{4}{3}}}{1 - a^{\frac{4}{3}}}}$ と求められます。

▶**ここが面白い**◀

　図3、図4のような明環が観測されるときの圧力 P_1 、 P_2 を測定することで、 $\dfrac{P_2}{P_1} = a$ を用いてシャボン液の屈折率を知ることができてしまうのですね。

　シャボン玉遊びをするときに観察される虹からは、いろいろなことを知れると分かる面白い問題でした。

3.3 2023 慶應義塾大学（医学部）｜大問❷ 問2
角膜が盛り上がっているのには理由がある？

　私たちが眼で何かを見ることができるのは、眼に飛び込んでくる光を水晶体（レンズ）で屈折させ、網膜上に像を結ばせるためです。

　ところで、水晶体の前方には角膜がついています。角膜には外から病原体が侵入するのを防いだり、内部に水分を保ったりするはたらきがあります。そして、それだけでなく角膜が盛り上がった形をしていることでものを見やすくなるという効果があるのです。どういうことでしょう？今回の問題では、このことについて考えます。

> **問題引用**
>
> 問2　図2に示すように、$x-y-z$ の3次元空間の点 $(0, 0, R)$、ただし $R > 0$ を中心として、半径 R、屈折率 n の透明な球がある。球以外の空間の屈折率は1である。$z < 0$ の領域からこの球に対して、点 $(a, 0, 0)$ を通り、z 軸に平行に進む光線が入射した。R は光の波長と比較して十分に大
>
>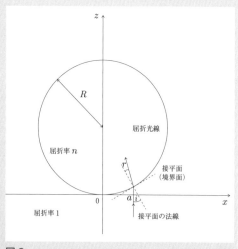
>
> 図2
>
> きいので、球に入射した光線は球に入射する点を接点とする接平面を境界面として屈折の法則に従って屈折するとみなせる。
>
> (d)　光線が球に入射する点の x 座標および z 座標を、接平面に対する光線の入射角 i と半径 R を用いて答えよ。

(e) 接平面に対する屈折光線の屈折角を r とする。z軸と屈折光線とのなす角度（鋭角）を i, r を用いて答えよ。

(f) 光線は球内を直進する。この方程式を $z =$ [い] $x +$ [う] とするとき、[い] を i, r を用いて答えよ。

(g) [う] を n, R を用いて答えよ。ただし、$i \ll 1$ および $r \ll 1$ を想定し、$|\theta| \ll 1$ のとき成立する近似式 $\sin\theta \fallingdotseq \theta$, $\cos\theta \fallingdotseq 1$ を用いて近似せよ。

(h) 眼球は大まかには角膜部分で屈折して網膜に実像を結像する構造である（図3）。眼球が単一の球形ではなく角膜部分が盛り上がっている理由を、角膜の屈折率1.336を用いて考察せよ。眼球内部の屈折率は角膜の屈折率と同じとする。

(d)

図に示されている接平面の法線は、球の中心を通ります。

図から、光線が入射する点の x 座標は $R\sin i$、z 座標は $R(1 - \cos i)$ と求められます。

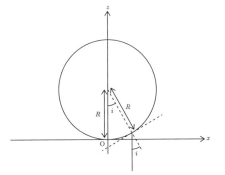

(e)

z軸と屈折光のなす角は $i - r$ と求められます。

(f)

屈折光線の傾き $\dfrac{dz}{dx}$ は $-\dfrac{1}{\tan(i-r)}$ であり、これが [い] に入ります。

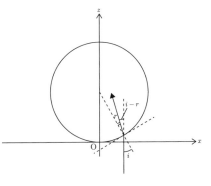

第3章 波動編

(g)

屈折光線は(d)で求めた点から x の値が $R\sin i$ だけ小さくなったとき

に z 軸にぶつかります。このとき、 z の値は $R\sin i \times \dfrac{1}{\tan(i-r)}$ だけ大

きくなります。よって、屈折光線と z 軸との交点の z 座標（z 切片）は

$R(1-\cos i) + \dfrac{R\sin i}{\tan(i-r)}$ であり、与えられた近似式および $\theta \ll 1$ につ

いて $\tan\theta \fallingdotseq \theta$ であることを使って

$$R(1-\cos i) + \frac{R\sin i}{\tan(i-r)} \fallingdotseq R(1-1) + \frac{Ri}{i-r} = \frac{Ri}{i-r}$$

とできます。そして、屈折の法則が $\sin i = n\sin r$ と表せますが、これに

対しても同じように近似式を用いると $i \fallingdotseq nr$ の関係がわかり、これを代

入して z 切片の値は

$$\frac{Ri}{i-r} \fallingdotseq \underline{\frac{nR}{n-1}}$$

と求められます。

(h)

設問文で示されている屈折率 $n = 1.336$ は、実際の角膜の屈折率です。
角膜の後方にある水晶体の屈折率は $1.38 \sim 1.40$ ほどと角膜より少し大き
くなっていますが、およそ近い値であるためこの問題では一様な屈折率と
して考えています。

さて、 $n = 1.336$ を(g)で求めた値へ代入すると、

$$\frac{nR}{n-1} = \frac{1.336R}{1.336-1} \fallingdotseq 4R$$

となります。

132

> 2023 慶應義塾大学（医学部）|大問❷ 問2

3.3 角膜が盛り上がっているのには理由がある？

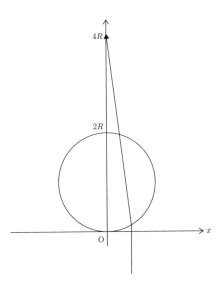

▶**ここが面白い**◀

　これでは、平行に入射してきた光線が眼球の中で一点に集まることができません。つまり、眼球の中で像を結ぶことができないのです。

　ここに、角膜が盛り上がっている秘密があるというわけです。角膜が図3のように盛り上がっていることで、平行光線はより手前で一点に集中できるようになります。眼球の中での結像が可能になるのです。これなら、網膜に実像を作れるようになります。

　眼に飛び込んできた光が眼球の中でどのように進むのかを考えると、眼の構造について深く理解できるようになるとわかりますね。

3.4 2021 名古屋市立大学（医学部）| 大問❹

視力の上限が2.0なのはなぜ？

　人間が持つ五感の中でも、いち早く危険を察知するのに視力は重要です。「自分はどのくらい眼がよいのか？」については、幼い頃から馴染みのある視力検査で知ることができますね。視力が低いことが分かれば、矯正などの対応をすることができます。

　ところで、視力検査では最高値を2.0として視力を測定します。どうして2.0が上限なのでしょう？　1.0など切りのよい数値にしてもよさそうです。

　実は、視力2.0というのは人間の視力のおよその上限値と考えられている値です。だからこれを最高値として検査するのですが、ではそもそも視力として示される数値は何を意味しているのでしょう？　例えば「視力1.0」と言われたとき、それは具体的に何をどのように見ることができることを示しているのでしょう？

　こういったことについて分かるのが、今回の問題です。順に考えていくことで、視力の値が何を示しているのか、そしてその上限がおよそ2.0であると言える理由は何か、見えてきます。

問題引用

人間の眼の構造の模式図を図1に示す。ある物体を眼で観察するとき、物体からの光は、角膜・瞳孔を通って眼球の内部に入る。瞳孔は絞りの役割を持ち、その直径は、光量が大きいと小さくなり、光量が小さいと大きくなる。瞳孔を通った光は水晶体により屈折され、硝子体を通ったのち、網膜上で焦点を結ぶ。水晶体はレンズの役割を

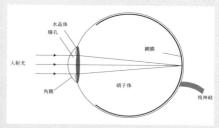

図1

134

持ち，その焦点距離は，水晶体を厚くすると短くなり，薄くすると長くなる。硝子体は眼球の形状を保つ役割を持ち，無色透明で屈折率が一様な光の媒質である。網膜は眼球の内壁上にあり，光刺激を電気信号に変えて視神経に伝える。以下の問に答えよ。なお，x が1より十分小さいときに成り立つ近似式 $\sin x \fallingdotseq x$ を指示に従って用いること。

(1) 網膜上に結像される物体の像は正立像か，倒立像か，正しい方を示せ。

(2) 眼から遠ざかっていく物体を常に網膜上に正しく結像させて観察するとき，水晶体の厚さは，厚くなっていくか，薄くなっていくか，正しい方を示せ。

(3) 眼から物体までの距離がある長さを超えたときに，水晶体の焦点距離を調節できず網膜上に焦点を結べない場合，近視とよばれる。近視のとき，水晶体の焦点は網膜上よりも眼球の内側にあるか，外側にあるか，正しい方を示せ。

(4) 近視でない場合でも，人間の視力には上限がある。人間の眼の光学的な分解能について考える。まず瞳孔から十分遠い位置にある点S1から発せられた波長 λ の光を見る場合について考える。入射光は平行光線で近似でき（図2），瞳孔に垂直に入射するものとする。単純化のため瞳孔を，

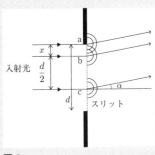

図2

幅が d （d は一定）のスリットで近似する。光がスリットを通るとき，図2のように回折が生じる。図中に示したスリット内の点a, b, cは，それぞれスリットの上の端から $0, x, x+\dfrac{d}{2}$ 離れた位置にあるとす

る。点a, bの各点で回折され,入射方向と角αをなす方向に進み網膜上の1点に達するほぼ平行な2つの光線の経路差 Δl を示せ。

(1)

まずは、私たちがものを見る仕組みの確認です。眼に飛び込んできた光は、水晶体によって屈折します。このはたらきによって網膜上に像が作られ、視認されるのです。

網膜上には、実際に光が集まって像が作られます。これは実像であり、実像は<u>倒立像</u>となります。

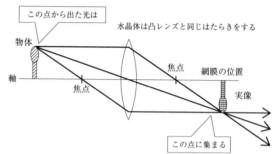

(2)

上図に比べて物体が遠く離れた場合、網膜上に像ができるための光の屈折の仕方が右のように変わります。

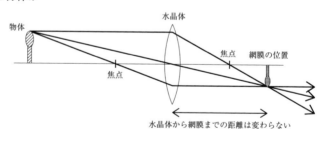

遠く離れたものを網膜上に結像するには、水晶体での光の屈折の度合いを小さくする必要があることがわかります。水晶体が厚くなるほど、水晶体で光は大きく屈折します。よって、屈折の度合いを小さくするには水晶体を<u>薄く</u>すればよいことがわかります。

2021 名古屋市立大学（医学部）| 大問 ④

3.4 視力の上限が 2.0 なのはなぜ？

私たちは近くのものも遠くのものも見ることができます。これが可能なのは、水晶体のおかげだとわかります。見るものがどれだけ離れているかに合わせて水晶体の厚さを変えることで、ピントを合わせているのです。

(3)

水晶体の厚さは、毛様体という筋肉の伸縮によって調節されます。遠くのものを見るときほど水晶体は薄くなる必要がありますが、十分に薄くならないと光は水晶体で必要以上に大きく屈折してしまいます。

※ 物体が十分に遠くにあるとき、水晶体の焦点の位置と像ができる位置はほぼ一致します。

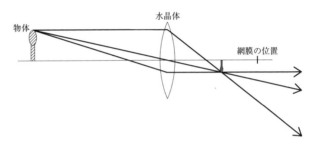

これが近視であり、このときには水晶体の焦点（≒ 結像の位置）は網膜より内側になるとわかります。

memo

これに対して、水晶体が十分に厚くならず屈折の度合いが足りなくなり、網膜より外側（後方）に結像するのが「遠視」です。

(4)

ここからは、人間の眼の分解能について考えます。例えば紙に点を2つ近づけて描いたとします。これを近くで見れば識別できても、遠くに置いたら識別できなくなるでしょう。このような識別の上限を表すのが分解能です。分解能をもとに定められるのが「視力」であり、具体的な定義は問 (10) で登場します。

まずは、瞳孔を通過した光の回折について考えます。狭い隙間（スリット）を通過した光は広がりながら進んでいきます。これが光の回折です。

第3章 波動編

右の図から、点a、bを通過して角度αの方向に進む2つの光線には$\Delta l = \underline{x \sin \alpha}$の経路差が生まれることがわかります。

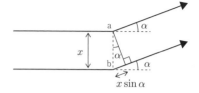

問題引用

(5) 点b, cの各点で回折された光の網膜上の1点で重ね合わせて得られる光（回折光）を考える。この回折光の強さI_{bc}は，回折光の進行方向αに依存し，αが特定の角度のとき$I_{bc}=0$である。αを0から大きくしていったとき，最初に$\alpha=\alpha_{bc}$で$I_{bc}=0$になるとする。α_{bc}とλ, dの関係を数式で示せ。

(6) スリット内の各点で回折された光をすべて網膜上の1点で重ね合わせて得られる回折光を考える。この回折光の強さIは，回折光の進行方向αに依存し，αが特定の角度のとき$I=0$である。αを0から大きくしていったとき，最初に$\alpha=\alpha_0$で$I=0$になるとする。αとα_{bc}の関係を数式で示せ。

(7) 人間の眼は波長$\lambda = 555$ nmの光に対して最も感度が高く，瞳孔の直径dは数mmである。$\lambda = 555$ nm, $d = 3.50$ mmとするとα_0は何度になるか，有効数字2桁で示せ。三角関数が必要な場合，前述の近似式を用いで計算せよ。

(5)

今度は点b、cを通過して平行に進む2つの光線について考えます。この場合は経路差が$\frac{d}{2}\sin \alpha$となりますが、これが

$$\frac{d}{2}\sin \alpha = \left(m + \frac{1}{2}\right)\lambda \quad (m = 0, 1, 2, \cdots)$$

を満たすときには、回折光の強さが0となるのです。αを0から大きくしていったときに最初にこの関係が成り立つのは$m=0$のときであることから、

$$\frac{d}{2}\sin\alpha_{bc} = \frac{\lambda}{2}$$

の関係が求められます。

> **memo**
> 光路差が波長の（整数$+\frac{1}{2}$）倍の光どうしは干渉して弱めあいます。

(6)
この設問では、「スリット内の各点で回折されたすべての光」の干渉を考えます。スリット内には無数の点があり、これらすべてについて考えるわけにはいきません。

ここでヒントになるのが、設問(5)です。距離$\frac{d}{2}$だけ離れた2点b、cを通過して回折した光が弱めあう条件を考えました。このとき、b、cに限らず距離$\frac{d}{2}$だけ離れた2点を通過して回折した光のペアは、すべて弱めあうことになります。

ところで、$\frac{d}{2}$はスリット幅dのちょうど$\frac{1}{2}$の値です。そのため、スリットを通過する無数の光の集合は、距離$\frac{d}{2}$だけ離れた2点を通過する光のペアから成り立つと考えることができるのです。

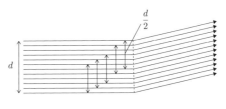

以上のことから、b、cを通過して回折した光が弱めあうとき、距離$\frac{d}{2}$だけ離れた2点を通過して回折した光のペアはすべて弱めあい、その結果回折光の強さは0となるとわかります。よって、$\alpha_0 = \alpha_{bc}$です。

(7)

(6) より、(5) で求めた関係は α_0 についても成り立ち、$\dfrac{d}{2}\sin\alpha_0 = \dfrac{\lambda}{2}$ であるとわかります。ここへ $\lambda = 555$ nm $= 555 \times 10^{-9}$ m、$d = 3.50$ mm $= 3.50 \times 10^{-3}$ m を代入すると、$\sin\alpha_0 = \dfrac{\lambda}{d} = \dfrac{5.55 \times 10^{-9}}{3.50 \times 10^{-3}}$ と求められます。この値は 1 より十分小さいので、問題で与えられている近似式を使うことができ $\alpha_0 \fallingdotseq \sin\alpha_0 = \dfrac{555 \times 10^{-9}}{3.50 \times 10^{-3}}$ (rad) です。

このように α_0 の値が求められますが、単位は「rad」です。$2\pi(\text{rad}) = 360°$ であることから、これは
$\dfrac{555 \times 10^{-9}}{3.50 \times 10^{-3}} \times \dfrac{360}{2\pi} \fallingdotseq \underline{\left(9.1 \times 10^{-3}\right)}$ 度とわかります。

問題引用

(8) 図3に示すように網膜を平面で近似し、S1から幅 d のスリットで近似した瞳孔まで

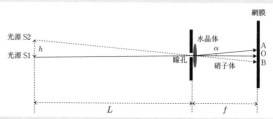

図3

の距離を L、瞳孔から網膜までの距離を f、硝子体の屈折率を 1 とする。回折が起きない場合、点光源S1から発せられた光は、瞳孔を通った後、水晶体により屈折され硝子体を通過し、網膜上の一点（点O）に結像される。回折が起きる場合、入射方向と角 α をなす方向に進む回折光は、網膜上の点Aに結像されるため、点光源S1の像は主として $|\alpha| \leqq |\alpha_0|$ の範囲に広がって結像される。点Oから点Aまでの距離を X_A とし、$\alpha = \alpha_0$ のとき $X_A = X_0$ であるとする。X_0 を λ, d, f を用いて示せ。三角関数が必要な場合、前述の近似式を用いて計算せよ。

3.4 視力の上限が 2.0 なのはなぜ?

(9) 点光源S1から入射方向と垂直な方向に h だけ離れた位置に点光源S2を置く(図3)。回折が起きない場合,S2から発せられた光は,網膜上の一点(点B)に結像される(図3)。点Oから点Bまでの距離を X_B とすると, $X_B \geqq X_0$ であるとき,S1から発せられた光とS2から発せられた光を,網膜上の離れた2点に分解して結像できるであろう。$X_B = X_0$ のとき $h = h_0$ とする。h_0 を α_0, L を用いて示せ。

(10) 視力検査では,被験者から L 離れた位置にあるC字型の環(ランドルト環)の向きを識別できるかどうかで視力を測定する。認識できた最小のランドルト環の開いている部分の間隔を t とすると,$t \geqq h_0$ であると考えられる。$\dfrac{t}{L} = \tan\theta \fallingdotseq \theta$ は視角とよばれ,視力は単位に分を用いた視角(1度=60分)の逆数 $\dfrac{1}{\theta}$ として与えられる。例えば $\theta = 0.50$ 分の時,視力は2.0である。$\lambda = 555$ nm,$L = 5.00$ m,$d = 3.50$ mm,$f = 24.0$ mm とした場合の人間の視力の光学的な上限を有効数字2桁で示せ。三角関数が必要な場合,前述の近似式を用いて計算せよ。

---

(8)

(7)で求めた角度 α_0 は、眼に対して真正面の方向にある点光源 S1 の像ができる網膜上の範囲を表していると説明されています。非常に狭い範囲に結像することがわかります。

右の図から、$X_0 = f\tan\alpha_0$ の関係がわかります。

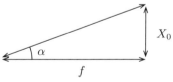

ここで、α_0 が1より十分小さいので問題で与えられている近似式を使い、

$$X_0 \fallingdotseq f\alpha_0 \fallingdotseq \dfrac{f\lambda}{d}$$

と求められます。

(9)

(8) では点光源 S1 の像ができる範囲を考えました。今度は、少しずれた位置にある点光源 S2 の像ができる位置を考えます。S2 からの光も瞳孔を通過するときに回折するため、広がりのある特定の範囲に結像します。しかし、ここでは回折のことを考えず一点（点B）に結像すると考えます。点Bは S2 の像の中心位置であり、これが S1 の像ができる範囲の外にあれば2つに分かれた像としてとらえられる（識別できる）ということです。

次の図から $\dfrac{X_\mathrm{B}}{f} = \dfrac{h}{L}$ の関係がわかり、ここから $X_\mathrm{B} = \dfrac{fh}{L}$ と求められます。

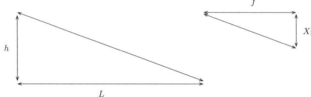

ここへ $X_\mathrm{B} = X_0$、$h = h_0$ および（8）で求めた $X_0 ≒ f\alpha_0$ を代入すると

$$f\alpha_0 = \dfrac{fh_0}{L}$$

となり、ここから $h_0 = \underline{\alpha_0 L}$ と求められます。

▶ここが面白い◀

距離 L だけ離れたところにある2点が距離 h_0 以上離れていれば、識別できるのです。(7) で求めた α_0 の値から、例えば $L = 10 \,\mathrm{m}$ の場合には $h_0 ≒ \dfrac{555 \times 10^{-9}}{3.50 \times 10^{-3}} \times 10 ≒ 1.6 \times 10^{-3} \,\mathrm{m}\ (= 1.6 \,\mathrm{mm}\,)$ です。10 m 離れたところにある2点が1.6 mm以上離れていれば識別可能であることが分かるのです（もちろん、実際に識別できるかどうかはその人の視力によります）。そして、h_0 の値は L に比例して変化する（遠くにある2点ほど、離れていなければ識別できない）こともわかります。

> **3.4** 2021 名古屋市立大学（医学部）|大問❹
> 視力の上限が 2.0 なのはなぜ？

（10）

　ここまで考えたことをもとに人間の視力の上限を考えるのが、最後の設問です。視力検査でC字型の環の開いている場所が分かるのは、開いている部分の両端を識別できるからだというわけです。このように考えると、C字型の環について識別できる間隔 t は h_0 以上であるとわかるわけです。

　このことから、t を用いて視力を定めることができるとわかります。具体的には、まずは視覚 $\theta = \dfrac{t}{L}$ とします。この視覚 θ の単位は「rad」であり、

$$\frac{t}{L} \,(\text{rad}) = \left(\frac{t}{L} \times \frac{360}{2\pi} \right) \ \text{度} \ = \left(\frac{t}{L} \times \frac{360}{2\pi} \times 60 \right) \ \text{分}$$

です。視力はこれの逆数であり、

$$視力 \ = \frac{2\pi L}{360 \times 60 t}$$

と求められます。 t の最小値は h_0 であり、 $t = h_0$ のとき $\dfrac{2\pi L}{360 \times 60 t}$ は最大値 $\dfrac{2\pi L}{360 \times 60 h_0}$ をとります。これが視力の上限であり、 $h_0 = \alpha_0 L$ および $\alpha_0 \fallingdotseq \dfrac{\lambda}{d}$ を代入して視力の上限は

$$\frac{2\pi L}{360 \times 60 \alpha_0 L} = \frac{2\pi d}{360 \times 60 \lambda} = \frac{2 \times 3.14 \times 3.50 \times 10^{-3}}{360 \times 60 \times 555 \times 10^{-9}} \fallingdotseq \underline{1.8}$$

と求められます。

> ◀ **Point** ▶
>
> 　人間の視力には上限があり、その値が 2.0 に近いことがわかりました。だから、視力検査は 2.0 を上限にして行うのですね。
> 　なお、テレビ番組などで視力が 2.0 を上回る人が紹介されることがありますが、どうしてそれほど視力が高い（識別能力が高い）のか理由は不明です。過去の経験から脳が識別しているのではないか、などの仮説があるようです。

3.5

2022 岐阜大学｜大問❸

船や航空機の位置を探知する方法とは？

　広い世界を旅する航空機では、その安全確保が何より重要です。航空機を安全に運行するために、常に地上との通信が行われています。離陸、着陸時には空港に設置されている施設を通して管制官とやり取りします。空港から遠く離れた後も、各地に設置されている通信施設を通して管制官の声が届けられます。そして、航空機が飛んでいる位置を把握するのがレーダーです。

　レーダーは電波を送信し、対象物で反射して戻ってくる電波を検知することで対象物を認識します。その仕組みについて、詳しく考えてみようというのが今回の問題です。問題では汽笛を発する船の方角を知る方法を考えますが、航空機の方角を知る方法も同じ原理です。

問題引用

　航空機の位置を検知するために利用されるレーダーの一種では、電磁波を航空機に照射し、反射して返ってくる波を、少し離して設置した二つのアンテナで検出し、その位相の差から、航空機の位置する方向を検知している。これと同様にして、船から届く汽笛の音波を検出し、汽笛を発した船の位置する方向を検知する方法について考える。

　図1に示すように、紙面上方を北として、船の位置する方位角 θ〔rad〕を定義し、$0 < \theta < \dfrac{\pi}{2}$ の範囲で検知する。この検知には、東西方向に距離 d〔m〕だけ離れた点P、Qそれぞれに、地面から同じ高さに設置した同じ性能のマイク1、2を利用する。このマイクにより、音波を電圧に変換して検出する。

　無風の中、マイク1から十分に長い距離 L〔m〕の位置に静止する船より、振動数 f〔Hz〕の汽笛が、時刻 t〔s〕が $t = 0$ s の時点から数秒間

144

にわたり発せられた。汽笛の音波は、初期位相 0 rad の正弦波であり、平面波としてマイクに到達する。空気中の音速は V 〔m/s〕で一定とし、障害物などに反射してからマイクに到達する音波の影響はないものとする。また、マイク間の距離 d は音波の半波長よりも小さいとする。

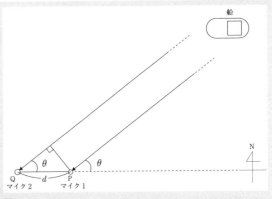

図1

問1 汽笛の音波がマイク1, 2それぞれに到達する時刻 t_1 〔s〕, t_2 〔s〕を求めよ。

まず、特定の場合における汽笛について考えてみる。汽笛が $t = 1$ s にマイク1へ到達し、その際に検出された音波は図2の太線のとおりであった。図2の縦軸は、マイ

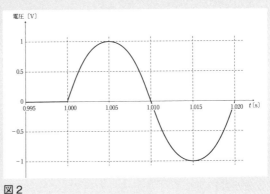

図2

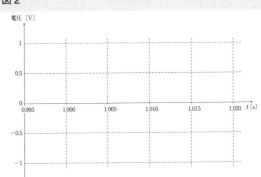

図3

クで検出された音波の電圧である。

問2 同時刻にマイク2で検出された音波の位相がマイク1で検出された音波に比べて $\frac{\pi}{2}$ radだけずれているとき，マイク2で検出された音波を図3に示す時刻の範囲内でグラフに描け。マイク1，2で検出された音波の振幅は同じとする。

問1

　ここでは、レーダーを使って航空機の位置する方角を知る方法を、船に置きかえて考えます。

　汽笛から発せられた音波は、次のような平面波としてマイク1、2へ到達します。

　図から、速さ V で進む音波が汽笛からマイク1へ届くのにかかる時間は $\frac{L}{V}$、マイク2へ届くのにかかる時間は $\frac{L + d\cos\theta}{V}$ だとわかり、$t_1 = \underline{\dfrac{L}{V}}$、$t_2 = \underline{\dfrac{L + d\cos\theta}{V}}$ と求められます。

問2

　マイクでは、音波を図2のように正弦波として検出します。正弦波で表される電圧は時刻 t、振動数 f を使って $A\sin(2\pi ft + \varphi)$ のように表すことができます。このとき、A は電圧の振幅、$(2\pi ft + \varphi)$ は電圧の位相と呼ばれます（φは初期位相と言います）。

146

2022 岐阜大学｜大問❸

3.5 船や航空機の位置を探知する方法とは？

　ここでは、マイク2で検出される位相がマイク1で検出される位相より $\frac{\pi}{2}$ 遅れている場合を考えます。音波（電圧）の1回の振動は、位相が 2π 変化することに相当します。よって位相 $\frac{\pi}{2}$ のずれは $\frac{1}{4}$ 回分の振動のずれに相当するとわかり、マイク2で検出される音波（電圧）は右のように表せます。

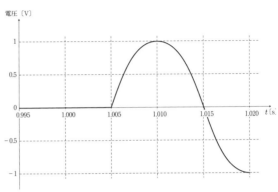

memo

　正弦波の位相は単位時間に $2\pi f$ 変化するため、時刻 t には初期位相 φ に $2\pi ft$ を加えた値となります。

問題引用

　次に、より一般の場合について、船の位置する方位角 θ を検知する方法について考える。

問3　時刻 $t(>t_1)$ にマイク1で検出される汽笛の音波の電圧 y_1〔V〕は、振幅を A〔V〕として正弦波の式 $y_1 = A\sin(at-bL)$ で表された。式中の a, b として適切な式を示せ。また、それぞれの単位を括弧内に示すこと。

問4　時刻 $t(>t_2)$ にマイク2で検出される汽笛の音波の電圧 y_2〔V〕を表す正弦波の式を、a, b, d, t, A, L, θ を用いて示せ。なお、マイク2に到達する音波の振幅は A であった。

問5　マイク1, 2で検出される汽笛の音波の電圧 y_1, y_2 が0となるすべての

第3章 波動編

時刻をそれぞれ T_1〔s〕, T_2〔s〕とする。これら T_1, T_2 を $a, b, d, t,$ L, θ と正の整数 m の中から必要なものを用いて答えよ。なお，汽笛の音波がマイク1，2それぞれに初めて到達する時刻 t_1, t_2 は T_1, T_2 に含めない。

問6 問5で求めた時刻 T_1, T_2 において，正の整数 m の値が同じ場合の時刻の差 $T_2 - T_1$ と，船の位置する方位角 θ の関係式を導き，$a, b,$ d, T_1, T_2, θ を用いて表せ。

問7 問6で求めた $T_2 - T_1$ の値を用いると，空気中の音速 V とマイク間の距離 d が既知であれば，船とマイクの間の距離や汽笛の正確な振動数が不明であっても，船の位置する方位角 θ を検知できる。その理由を，これまでの結果を用いて説明せよ。

問3

汽笛では時刻 $t = 0$ に位相0から音波が送り出されるので、汽笛の位置で観測される音波を電圧に置きかえたものは $A \sin 2\pi f t$ と表されます。

マイク1では、この音波（電圧）が汽笛の位置よりも時間 $\dfrac{L}{V}$ だけ遅れて検出されます。よって、時刻 t にマイク1で検出される音波（電圧）は、時刻 $t - \dfrac{L}{V}$ に汽笛の位置で検出される音波（電圧）と等しくなるのです。このことから、$y_1 = A \sin 2\pi f \left(t - \dfrac{L}{V} \right) = A \sin \left(2\pi f t - \dfrac{2\pi f}{V} L \right)$ と求められます $\left(a = \underline{2\pi f},\ b = \underline{\dfrac{2\pi f}{V}} \right)$。

問4

マイク2では、マイク1よりも時間 $\dfrac{d \cos \theta}{V}$ だけ遅れて音波が検出されます。よって、時刻 t にマイク2で検出される音波（電圧）は、時刻

$t - \dfrac{d\cos\theta}{V}$ にマイク1で検出される音波（電圧）と等しくなります。

このことから、$y_2 = A\sin\left\{ a\left(t - \dfrac{d\cos\theta}{V} \right) - bL \right\}$ とわかります。

ここへ問3から求められる関係 $b = \dfrac{a}{V}$ を代入すると、

$y_2 = \underline{A\sin\{at - b(L + d\cos\theta)\}}$ と表せます。

問5

まずは、y_1 が0となる時刻 T_1 を求めましょう。

$y_1 = A\sin(at - bL) = 0$ となるのは $at - bL = m\pi$ のときであり、こ

こから $T_1 = \underline{\dfrac{bL}{a} + \dfrac{m\pi}{a}}$ と求められます。

次に、y_2 が0となる時刻 T_2 です。$y_2 = A\sin\{at - b(L + d\cos\theta)\} = 0$

となるのは $at - b(L + d\cos\theta) = m\pi$ のときであり、ここから

$T_2 = \underline{\dfrac{b(L + d\cos\theta)}{a} + \dfrac{m\pi}{a}}$ と求められます。

問6

問5で求めた T_1、T_2 について、m が同じ値のときには

$T_2 - T_1 = \underline{\dfrac{bd\cos\theta}{a}}$ となり、これが求める関係式です。

問7

問3で得られた結果から、$b = \dfrac{a}{V}$ という関係がわかります。これを問6

で求めた関係式へ代入すると $T_2 - T_1 = \dfrac{d\cos\theta}{V}$ となります。ここから、

V と d の値が分かっていれば、$T_2 - T_1$ を測定することで船の方角 θ を

知ることができるとわかるのです。

第3章 波動編

> ▶**ここが面白い**◀
>
> 　２つのマイクで同じ位相の音波（電圧）を検出する時間差は、船の方角 θ に依存するのです。このことを利用して、検出の時間差を測定してそこから船の方角を知ることができます。今回の問題を通して、この方法を理解できたかと思います。
>
> 　このような仕組みが、航空機の安全な航行に役立てられているのです。

3.6 2021 金沢大学 | 大問❺
ほんのわずかな視野角を測定できる恒星干渉計の秘密

　肉眼では1つの星のように見えても、天体望遠鏡で観測すると2つの星に分かれているのがわかるものを「二重星」と言います。二重星には、互いに及ぼしあう重力によって両者の重心の周りを回っている「連星」と、重力で影響しあっているわけではなくたまたま地球から同じ方向に見える「見かけの二重星」があります。

　宇宙には多数の連星があり、ブラックホールの連星も存在します。2017年のノーベル物理学賞は、連星ブラックホールの合体により発生した重力波をとらえた功績に対して送られました。

　さて、肉眼では1つの星のように見えてしまう連星がどれだけ離れているか、「視野角」で表すことができます(図1)。

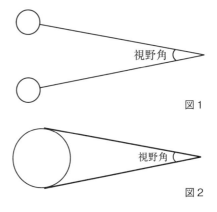

図1

図2

　地球から遠く離れた連星では、視野角は非常に小さな値です。視野角は、恒星干渉計というものを使って測定することができます。なお、恒星干渉計は恒星の視直径（1つの恒星の両端の視野角）を測ることもできます（図2）。

　マイケルソンとピースは、1921年に初めてウィルソン山天文台でベテルギウス（オリオン座の α 星）の視直径が 2.3×10^{-7} rad であると測定しました。

　今回の問題は、恒星干渉計の仕組みを考察するものです。いったいどうやって連星の視野角を測定するのでしょう？

第3章 波動編

問題引用

図5aに示すように2つのスリット（複スリット）S_1, S_2 が刻まれた板（スリット板）と，スリット板に平行なスクリーンが屈折率1の空気中に設置されている。複スリットの間隔 d 〔m〕は，スリット板からスクリーンまでの距離 L 〔m〕に比べて十分に短いものとする。S_1, S_2 から等距離にあるスクリーン上の点を原点Oとし，図のように X 軸，Y 軸を定める。十分に遠方の単一光源から発した波長 λ 〔m〕の平面波が図のスリット板に対して入射角 θ 〔rad〕 $\left(0 < \theta < \dfrac{\pi}{2}\right)$ で入射する。以下の問いに答えなさい。

問1　図5bの左図に示すように，平面波を入射角 $\theta = 0$ で入射させたとき，スクリーン上に干渉縞が現れた。任意の明線上に点Pをとる。S_1, S_2 からスクリーン上の点Pまでの距離をそれぞれ，L_1〔m〕，L_2〔m〕とする。$|L_2 - L_2|$ が満たす条件を，$m (= 0, 1, 2, \cdots)$ を使って表しなさい。

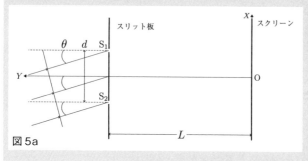

図5a

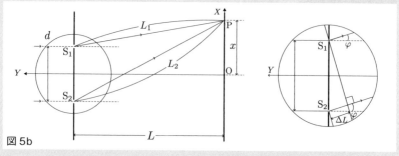

図5b

3.6 2021 金沢大学｜大問❺
ほんのわずかな視野角を測定できる
恒星干渉計の秘密

問2　点Oと点Pの距離を x 〔m〕（$x \ll L$）とする。図5bの右図は左図の円の部分を拡大したものである。d は L に比べて十分に小さいので直線 S_1P および直線 S_2P は平行と見なすことができる。右図に示すよう直線 S_1P と Y 軸に平行な直線とのなす角の大きさを φ 〔rad〕$\left(0 < \varphi < \dfrac{\pi}{2}\right)$ とし，点 S_1 から直線 S_2P に引いた垂線の足と点 S_2 の距離を ΔL 〔m〕とする。以下の小問に答えなさい。

(1)　$\sin \varphi \fallingdotseq \dfrac{x}{L}$ の近似を用いて，ΔL を d, x, L で表しなさい。

(2)　x を，d，λ，および，$m (= 0, 1, 2, \cdots)$ を用いて表しなさい。

(3)　明線の間隔を求めなさい。

問1

　スクリーン上では、スリット S_1、S_2 を通過した光が干渉します。スクリーン上の各点で2つの光が強めあうか弱めあうかは、2つの光の光路差によって決まります。

　この場合は、2つの光の光路差は $|L_2 - L_1|$ です。そして、これが

$$|L_2 - L_1| = m\lambda$$

を満たす点Pでは2つの光が強めあい、点Pは明るく光ります。

問2 (1)

　図から、$\Delta L \fallingdotseq d \sin \varphi$ だとわかります。ここへ $\sin \varphi \fallingdotseq \dfrac{x}{L}$ を代入して

$$\underline{\Delta L \fallingdotseq \dfrac{dx}{L}}$$ と求められます。

> **memo**
>
> 図から、$\tan \varphi = \dfrac{x}{L}$ とわかります。ここで、$x \ll L$ より $\dfrac{x}{L}$ は非常に小さな値であり、$\tan \varphi$ も非常に小さな値（φ が非常に小さな値）です。このとき、$\tan \varphi \fallingdotseq \sin \varphi$ と近似することができ、結局 $\sin \varphi \fallingdotseq \dfrac{x}{L}$ とわかります。

153

第 **3** 章　波動編

(2)

　　問1で求めた関係 $\Delta L = m\lambda$ へ問2（1）で求めた $\Delta L \fallingdotseq \dfrac{dx}{L}$ を代入して

$$\frac{dx}{L} = m\lambda$$

より、スクリーン上の明線ができる位置 $x = \dfrac{mL\lambda}{d}$ と求められます。

(3)

　　（2）で求めた値に $m = 0, 1, 2, \cdots$ を代入すると $x = 0$ 、$\dfrac{L\lambda}{d}$ 、$\dfrac{2L\lambda}{d}$ 、

…となります。よって、明線の間隔は $\dfrac{L\lambda}{d}$ だとわかります（等間隔の明

線ができます）。

> **memo**
>
> このような実験操作は「ヤングの実験」と呼ばれ、明暗の干渉縞が生じます。

問題引用

問3　図5 cに示すように，平面波を入射角 θ で入射させる。$\theta = 0$ のとき点O上に前問の $m = 0$ に該当する明線があったが，θ が増えるにつれ，その明線は点O′上に移動した。点O′と点Oの距離を Δx 〔m〕とする。以下の小問に答えなさい。

(1)　光源から S_1 および S_2 までの光路長の差を求めなさい。
(2)　Δx を求めなさい。
(3)　明線の間隔を求めなさい。

問4　図5 dに示すように，S_2 の左側に屈折率 $n(n > 1)$，厚さ t 〔m〕の透明な板を光路に垂直に置いたところ，干渉縞の位置がずれて明線が点Oと重なった。透明な板の最小の厚さを求めなさい。ただし，$d\sin\theta \ll \lambda$ とし，また，透明な板での光の反射は考えないとする。

　　これまでの問いでは，1つの光源の光を複スリットで2つに分けてスク

154

3.6 ほんのわずかな視野角を測定できる恒星干渉計の秘密

リーンに照射すると干渉縞が現れた。しかし，同じ波長，同じ明るさの光源をもう1つ用意し，2つの光源を距離 d 離して置いて光を同時にスクリーンに照射しても，干渉縞は現れなかった。

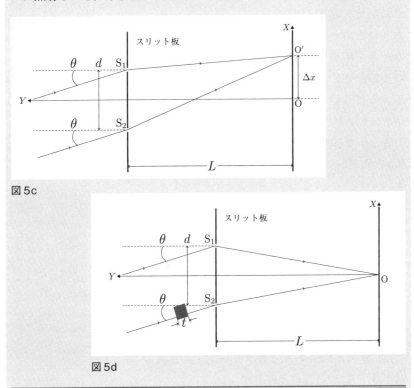

図 5c

図 5d

問3 (1)

今度は、スリット板に対して真正面からでなく少しずれた方向から光を入射する場合を考えます。この場合には、光が光源から2つのスリット S_1、S_2 に達するまでの段階で光路差が生じることになります。これと、スリット S_1、S_2 を通過した後に生じる光路差との和によって、2つの光が強めあうか弱めあうかが決まるのです。

次ページの図から、光源から S_1、S_2 までの光路長の差（光路差）は $d\sin\theta$ だとわかります。

(2)

点Oにあった明線が点O′に移動するのは、θが大きくなることで光源からスリットS_1、S_2までの間で光路差が生じるようになるからです。このとき、明線は光源からの光路差が一定に保たれるように移動することがポイントです。

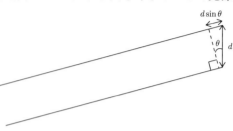

$\theta = 0$のとき、点OではスリットS_1、S_2を通過する2つの光の光路差は0です。よって、図5cのときの点O′での光路差も0となっているはずです。

図5cのときの点O′での光路差は$d\sin\theta - \dfrac{d\Delta x}{L}$と表せます。これが

$$d\sin\theta - \dfrac{d\Delta x}{L} = 0$$

を満たすことから、$\Delta x = \underline{L\sin\theta}$と求められます。

(3)

(2)から、図5cのときスクリーン上の位置xでは干渉する2つの光の光路差が$d\sin\theta - \dfrac{dx}{L}$となることがわかります。そして、これが

$$d\sin\theta - \dfrac{dx}{L} = m\lambda$$

を満たすとき、その位置xに明線が見られることになります。ここから明線の位置$x = L\sin\theta - \dfrac{mL\lambda}{d}$とわかり、その間隔は$\underline{\dfrac{L\lambda}{d}}$だとわかります。

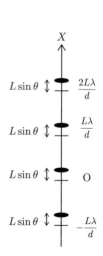

156

3.6 2021 金沢大学|大問❺

ほんのわずかな視野角を測定できる
恒星干渉計の秘密

▶ここが面白い◀

このように、ヤングの実験で入射する光の向きが変わると明線は間隔を一定に保ったまま平行移動します。

問4

(3) から、図5cのときには前ページの図のような位置に明線ができることがわかります。

---

memo

$d\sin\theta \ll \lambda$ より、$L\sin\theta$（図5bから図5cでの明線の移動距離）$\ll \dfrac{L\lambda}{d}$（明線の間隔）だとわかります。

この状態で透明な板を用い、点Oに明線が見られるようになる条件を考えます。

透明な板を置いていない段階では、光源から S_1 までの光路長は光源から S_2 までの光路長よりも $d\sin\theta$ だけ長くなっています。この状態から S_2 の左側に透明な板を置くと、光源から S_2 までの光路長が大きくなります。

光が透明な板の厚さ t の部分を通過するとき、通過部分の光路長は nt です。

---

memo

屈折率 n の物質中での光路長は、実際の長さの n 倍となります。

透明な板を置く前には、同じ場所の光路長は t でした。これが nt になるため、光路長が $nt - t$ だけ大きくなるのです。

光源から S_2 までの光路長が大きくなることで、明線は X 軸負方向へ移動します。そして、初めて明線が点Oに重なるときの板の厚さが求める値です。

これは結局、点OからO' に移動した明線が再びOに戻るということであり、2つの光の光路差 $d\sin\theta - (nt - t)$ が

157

$$d\sin\theta - (nt - t) = 0$$

を満たすときだとわかります。ここから、求める値は $t = \dfrac{d\sin\theta}{n-1}$ だとわかります。

> **問題引用**
>
> 次に、図5eのように、これら波長 λ の2つの光源からの平面波をそれぞれ入射角0と入射角 θ で複スリットに入射させた。スクリーンには、2つの光源の光がそれぞれ作る干渉縞が足し合わされた光の縞が現れた。θ が0のとき、2つの光源からの明線と明線、暗線と暗線が重なり縞は明瞭であったが、θ を大きくしていくと、ある θ のときに明線と暗線が重なりスクリーンは一様な明るさになった。

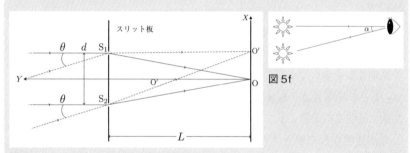

図5e

図5f

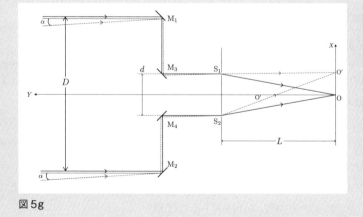

図5g

3.6 2021 金沢大学｜大問❺

ほんのわずかな視野角を測定できる
恒星干渉計の秘密

問5　スクリーンが一様な明るさになる最小の $\sin\theta$ を求めなさい。

　図5 fの概念図に描かれている連星の視野角 α〔rad〕は非常に小さく，肉眼では2つの星はほぼ1つの光点にしか見えないが，前問の現象を応用すれば α を測定できる。図5 gは α を測定する装置の概略図である。 M_1 ～ M_4 は全反射鏡であり，スリット板に対して正確に45°傾けて設置され，任意の入射角に対して光学距離 $M_1M_3S_1$ と光学距離 $M_2M_4S_2$ が正確に一致するとしてよい。連星の1つの星からの光が入射角0で装置に入るように設置すると，もう1つの星からの光の入射角は視野角 α に等しくなる M_1, M_2 の間隔を D〔m〕，M_3, M_4 の間隔は複スリット間隔と同じ d とする。スリット板からスクリーンまでの距離は前問と同様に L である。ここで，連星は同じ明るさで同じ波長 λ の単色光を発する2つの光源とし，連星からの光は装置にそれぞれ平面波として届くが，連星以外の光は遮断されているとする。なお，連星は図5 gのXY平面内にあるとする。

問6　入射角 α で入射する光について，光源から S_1 および S_2 までの光路長の差を求めなさい。

問5

　問4の図から、入射角0の光が作る明線（暗線）と入射角 θ の光が作る暗線（明線）が重なるのは、$L\sin\theta = \dfrac{L\lambda}{2d} + \dfrac{mL\lambda}{d}$ すなわち

$\sin\theta = \dfrac{(2m+1)\lambda}{2d}$ のときだとわかります。これを満たす最小の

$\sin\theta = \dfrac{\lambda}{2d}$ です。

問6

　入射角 α の光について、 M_1 から S_1 までと M_2 から S_2 までとは距離が等しく、ここでは光路差は生じません。よって、光路差は光源から M_1 、 M_2 までの間で生じます。この光路差は問3（1）で求めたのと同様に、$D\sin\alpha$ とわかります。結局、これが光源から S_1 、 S_2 までの光路差とな

159

第3章 波動編

ります。

> **問題引用**
>
> 次に，M_3，M_4 を固定したまま，M_1，M_2 の間隔 D を d に十分近い値から徐々に広げながらスクリーン上の光の縞を観察した。D が小さいときはスクリーン上に明瞭な光の縞が現れたが，間隔を広げていき D が，D_1〔m〕に達したときに初めてスクリーンが一様な明るさになった。ただし，$d\sin\alpha \ll \lambda$ とする。
>
> **問7** $\sin\alpha$ を求めなさい。

問7

D が d に十分近い値のとき、入射角 α の光について光源から S_1、S_2 までの間で生じる光路差は $d\sin\alpha$ となり、問3(2)と同様に考えると、

$$d\sin\alpha - \frac{d\Delta x}{L} = 0$$

を満たす $\Delta x = L\sin\alpha$ だけ明線が移動するとわかります。

このとき、$d\sin\alpha \ll \lambda$ より $L\sin\alpha \ll \dfrac{L\lambda}{d}$ （明線の間隔）なので、入射角 α の光が作る明線は入射角0の光が作る明線とほぼ重なります。そのため、明瞭な干渉縞が見られるのです。

ここから d の値を大きくしていくと、光源から S_1、S_2 までの間で生じる光路差が大きくなります。M_1、M_2 の間隔が D のとき、光源から S_1、S_2 までの間で生じる光路差は $D\sin\alpha$ となり、

$$D\sin\alpha - \frac{d\Delta x'}{L} = 0$$

を満たす $\Delta x' = \dfrac{DL\sin\alpha}{d}$ だけ明線の位置が移動することになります。そして、これが入射角0の光が作る明線の間隔 $\dfrac{L\lambda}{d}$ の $\dfrac{1}{2}$ と等しくなったと

160

	2021 金沢大学｜大問❺
3.6	ほんのわずかな視野角を測定できる
恒星干渉計の秘密

きに、入射角 0 の光が作る明線（暗線）と入射角 α の光が作る暗線（明線）とが重なります。その条件は

$$\frac{DL\sin\alpha}{d} = \frac{L\lambda}{2d}$$

と表せ、ここから M_1 と M_2 の間隔 $D = \dfrac{\lambda}{2\sin\alpha}$ とすれば、スクリーンが一様な明るさになるとわかります。

▶ここが面白い◀

逆に、$D = D_1$ のときにスクリーンが一様な明るさになったとすれば、そのときには

$$D_1 = \frac{\lambda}{2\sin\alpha}$$

の関係が成り立つことから、$\sin\alpha = \dfrac{\lambda}{2D_1}$ と求めることができるのです。

これが、非常に小さな視野角を測定することができる恒星干渉計の仕組みです。

---

memo

問5で求めた条件 $\sin\theta = \dfrac{\lambda}{2d}$ が満たされるときにスクリーンは一様な明るさとなりますが、これでは $d\sin\theta \ll \lambda$ の条件が満たされません。つまり、全反射鏡 M_1、M_2 の間隔を d に保ったままでは、ある程度大きな視野角でないと測定できないのです。

非常に小さな視野角を測定するには、M_1、M_2 の間隔を d よりも大きくしなければならないのです。

161

3.7
2018 名古屋市立大学（医学部）｜大問❸ -2
数百倍に拡大できる
光学顕微鏡の秘密

　光学顕微鏡は、肉眼では見られない小さなものを数百倍の倍率で拡大して見せてくれます。光学顕微鏡は、レンズを使ってものを拡大するものです。レンズを使うとものを拡大して見られることは、2世紀頃から知られていたと言われます。13世紀のヨーロッパでは凸レンズが拡大鏡として使われ出します。

　顕微鏡の原型は、16世紀後半にオランダの眼鏡職人だったヤンセン親子によって発明されました。2枚のレンズを組み合わせることで、倍率を大きくするという仕組みのものでした。

　17世紀後半には、オランダのレーウェンフックが倍率200以上にも達する画期的な顕微鏡を作成しました。レーウェンフックはこれを使って、微生物や精子を発見しました。レーウェンフックが作成したのはレンズ1枚の単式顕微鏡、つまり虫眼鏡のようなものでしたが、それでも高倍率を実現したのです。

　そして、同じ時代にイギリスのフックは対物レンズと接眼レンズを組み合わせた複式顕微鏡を作成しました。これは、現在使われている光学顕微鏡の基本的構造となっています。フックは複式顕微鏡を使ってコルクを観察し、小さな部屋に分かれていることを見つけます。そして、これを「cell（細胞）」と名づけました。フックが見つけたものは実際には死んだ細胞の細胞壁でしたが、「cell（細胞）」という言葉はこの発見から生まれたのです。光学顕微鏡は、人類に多くの発見をもたらしてくれました。それにしても、どうして数百倍という高倍率が実現できるのでしょう？今回は、光学顕微鏡の仕組みについて考察する問題を扱います。どのような工夫が施されているのか、理解できるでしょう。

　なお、光学顕微鏡と似たものに天体望遠鏡があります。これについては次章で扱います。光学顕微鏡と天体望遠鏡を比べ、共通点と相違点を知っていただければと思います。

3.7 数百倍に拡大できる光学顕微鏡の秘密

2018 名古屋市立大学（医学部）|大問❸-2

問題引用

2枚の凸レンズを組み合わせて図2のように顕微鏡を作り，物体Aを観察する。対物，接眼レンズの焦点距離をそれぞれ F_0，F_e，対物レンズから鏡筒内にできる実像までの距離を L，接眼レンズで拡大された虚像から接眼レンズの観察点までの距離を D とする。なお，対物レンズと物体Aとの距離は F_0 より大きく，鏡筒内にできる実像は接眼レンズの焦点距離より接眼レンズに近いところに位置する。また，レンズの厚さと眼内の構造は考慮しなくてよい。

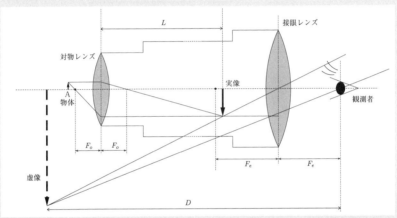

図2

(1) 対物レンズの倍率 M_0 を求めよ。
(2) 図2のように観察者が接眼レンズから距離 F_e だけ離れたところ，像がはっきり見えた。接眼レンズの倍率 M_e を求めよ。

(1)

　光学顕微鏡に用いられる2枚のレンズ（対物レンズと接眼レンズ）は、どちらも凸レンズです。凸レンズは虫眼鏡にも使われます。虫眼鏡を使って紙の黒く塗ったところを焦がした経験のある方は多いと思いますが、これは凸レンズに光を集めるはたらきがあるとわかる実験ですね。凸レンズの光を集めるはたらきを利用して、像を作ることができるのです。

問題の図を見ると、まずは対物レンズによって実像が作られることがわかります。実際に光が集まってできるのが実像であり、この位置にスクリーンを置けば像が映って見えます。

ここでは、対物レンズの倍率を求めます。対物レンズの倍率M_0は $\dfrac{実像の大きさ}{物体Aの大きさ}$ を表します。

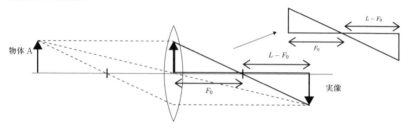

上の図で示した2つの相似な三角形に着目すると、

　　物体Aの大きさ：実像の大きさ $= F_0 : (L - F_0)$

の関係がわかり、ここから$M_0 = \dfrac{実像の大きさ}{物体Aの大きさ} = \underline{\dfrac{L - F_0}{F_0}}$ と求められます。

(2)

今度は、接眼レンズの倍率を考えます。接眼レンズの倍率M_eは $\dfrac{虚像の大きさ}{実像の大きさ}$ を表します。

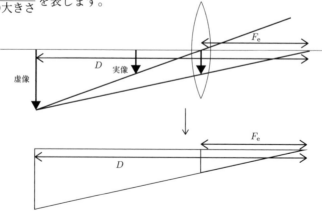

上の図で示したレンズ左側にある2つの相似な三角形に着目すると、

実像の大きさ：虚像の大きさ $= F_e : D$

の関係がわかり、ここから $M_e = \dfrac{虚像の大きさ}{実像の大きさ} = \dfrac{D}{F_e}$ と求められます。

▶ここが面白い◀

光学顕微鏡を覗く人に見えるのは、このようにして作られた虚像です。そのため、虚像ができる位置（観察者の目からの距離 D）が「明視の距離」となるよう調節しています。明視の距離とは「目が最も見やすい距離」のことで、25cm ほどとされています。このように調節することで、像を観察しやすくなるのです。

なお、D の値が一定なら、接眼レンズの焦点距離 F_e を小さくするほど倍率 M_e を大きくすることができます。

問題引用

(3) L の長さが165 mmで10倍の対物レンズの時、対物レンズと物体Aの距離 a_1 を有効数字3桁で単位も含めて示せ。

(4) L を210 mmにし、像がはっきり見えるように調節した。物体Aと対物レンズの距離 a_2 を有効数字3桁で単位含めて示せ。

(5) (4) の時、接眼レンズを通して観察される物体Aの大きさは (3) の場合と比べ何倍になるか示せ。

---

(3)

示された条件の場合の a_1 の値は、次のページの図から求めることができます。レンズを挟んだ2つの相似な三角形に着目すると、

物体Aの大きさ：実像の大きさ $= a_1 : L$

の関係がわかり、ここから $M_0 = \dfrac{L}{a_1}$ と求められます。ここへ示された値を代入すると $10 = \dfrac{165 \text{ mm}}{a_1}$ となり、ここから $\underline{a_1 = 16.5 \text{ mm}}$ と求められ

ます。

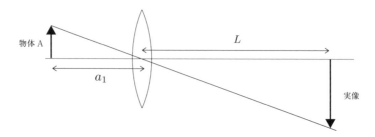

(4)

$L = 165$ mm のときには、対物レンズの倍率 $M_0 = 10$ です。このことから、(1) で求めた関係式 $M_0 = \dfrac{L - F_0}{F_0}$ は $10 = \dfrac{165 \text{ mm} - F_0}{F_0}$ と表せ、ここから対物レンズの焦点距離 $F_0 = 15$ mm であることがわかります。この対物レンズを使って $L = 210$ mm となるよう調節します。このとき、(1) と (3) で求めた関係を用いると $M_0 = \dfrac{L - F_0}{F_0} = \dfrac{L}{a_2}$ と表せ、ここへ $F_0 = 15$ mm と $L = 210$ mm を代入して

$\dfrac{210 \text{ mm} - 15 \text{ mm}}{15 \text{ mm}} = \dfrac{210 \text{ mm}}{a_2}$ より、$a_2 \fallingdotseq \underline{16.2 \text{ mm}}$ と求められます。

このとき、対物レンズの倍率は $\dfrac{210 \text{ mm} - 15 \text{ mm}}{15 \text{ mm}} = 13$ であり、(3) の場合より高くなっています。以上のことから、同じ対物レンズを使ってより高倍率の実像を作るには、物体Aをより対物レンズに近づける必要があることがわかります（$a_2 < a_1$ より）。

(5)

(4) の場合、(3) の場合に比べて対物レンズの倍率が $\dfrac{13}{10} = 1.3$ 倍になることがわかりました。

このとき、実像ができる位置の接眼レンズからの距離が (3) と (4) で

2018 名古屋市立大学（医学部）｜大問❸-2

3.7 数百倍に拡大できる光学顕微鏡の秘密

変わらないようにすれば、いずれの場合も観察者から距離 D 離れたところに虚像ができます。つまり、同じ距離だけ離れたところに像を観察することができるのです。そして、接眼レンズの焦点距離 F_e も変わらないので、接眼レンズの倍率 $\dfrac{D}{F_e}$ は変わりません。

　結局、変わるのは対物レンズの倍率だけです。これが1.3倍になる（実像の大きさが1.3倍になる）のです。そして、それが同じ接眼レンズの倍率で拡大されるので、最終的に見える虚像の大きさは（4）の場合は（3）の場合に比べて1.3倍になることがわかります。

▶ここが面白い◀

　最後の設問から、接眼レンズは同じもののままにして対物レンズをより高倍率のものに変えることで、見られる像を大きくできることが理解できます。このことは、光学顕微鏡を使った観察をした経験（装置を回して対物レンズを変える）を思い出すと納得できると思います。

167

3.8 2022 長崎大学│大問❸ - II

天体望遠鏡に長い筒が必要な理由

　前節では、光学顕微鏡の仕組みについて考えました。光学顕微鏡と構造が似ているものに、天体望遠鏡があります。どちらも2枚の凸レンズを組み合わせて利用することで、物体を拡大して観察することができるものです。違いは、光学顕微鏡は近くにある小さなものを拡大するのに対して、天体望遠鏡は非常に遠くにあるために小さく見えるものを拡大するものだということです。この違いが、両者のサイズの違いにつながっています。光学顕微鏡に比べて、天体望遠鏡の筒（鏡筒）はとても長くなっています。どうして長い筒が必要なのでしょう？

　今回の問題は、このような天体望遠鏡の秘密を解き明かしてくれます。

問題引用

　図3はケプラー式望遠鏡を模式的に表したものである。この望遠鏡が遠方の物体を拡大する仕組みについて段階的に考えよう。

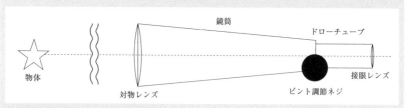

図3

　ケプラー式望遠鏡は2つの凸レンズを組み合わせた構造をしている。鏡筒の先端に対物レンズが取り付けられており、ドローチューブには接眼レンズが取り付け

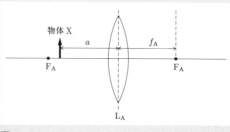

図4

168

られている。ピント調節ネジを回すとドローチューブが前後に移動し，対物レンズと接眼レンズの間の距離が変化する。

最初に1枚の凸レンズの役割を考えるため，図4のように，焦点距離 f_A〔m〕の凸レンズ L_A の前方 a〔m〕の位置に物体Xを置いた。なお，物体Xがある側をレンズの前方とし，図中の F_A はレンズ L_A の焦点の位置を示す。

(e) $0 < a < f_A$ のとき，凸レンズ L_A の前方には虚像Xが観測される。虚像の倍率を M としたとき，M を a と f_A を用いて表し，a と M の関係をグラフに書け。その際，グラフの形状に留意の上，$a = \dfrac{f_A}{2}$ の時の M の値を書き入れること。

(f) $f_A < a$ のとき，凸レンズ L_A の後方に実像 X' が観測される。凸レンズ L_A から実像 X' までの距離を b〔m〕としたとき，b を a と f_A を用いて表せ。

(e)

天体望遠鏡では、光学顕微鏡と同様に対物レンズで実像を、接眼レンズで虚像を作ります。よって、この設問は接眼レンズによる結像に関係するものだとわかります。

接眼レンズでは、次のように光が屈折して物体Xの虚像が作られます。

右の図で示した2つの相似な三角形に着目すると、

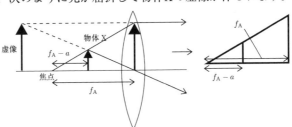

物体Xの大きさ：虚像の大きさ $= (f_A - a) : f_A$

の関係がわかり、ここから

$$M = \dfrac{虚像の大きさ}{物体 X の大きさ} = \dfrac{f_A}{f_A - a}$$ と求められます。

第3章 波動編

接眼レンズの倍率 M は a の値によって変化することがわかります。その関係は、次のようにグラフで表すことができます。

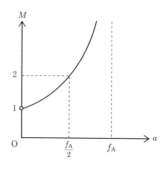

> **memo**
>
> 凸レンズに対して、物体が焦点より近いところにあるときには虚像が、焦点より遠いところにあるときには実像が作られます。

> **▶ここが面白い◀**
>
> ここから、a の値が f_A に近づくほど、すなわち物体 X が接眼レンズの焦点に近いところにあるときほど倍率 M が高くなることがわかります。天体望遠鏡では、物体 X は対物レンズによって作られる実像に相当します。これが接眼レンズの焦点の近くになるよう調節される(そのためにドローチューブを前後させる)のです。
>
> また、物体 X が接眼レンズの焦点の近くにあるほど、レンズを通過した後の光は平行になります。実際に天体望遠鏡を覗くときには、接眼レンズからある程度眼を離します。このとき、光が平行であれば観察者に見えやすくなります。このような理由からも、対物レンズによって作られる実像が接眼レンズの焦点の近くに位置するよう調節されます。

(f)

天体望遠鏡の接眼レンズが虚像を作るのに対して、対物レンズは実像を作ります。すなわち、この設問は対物レンズによる結像に関係するものです。対物レンズでは、次のように光が屈折して物体 X の実像が作られます。

次の図で示したレンズの右側にある2つの相似な三角形に着目すると、

物体 X の大きさ : 実像の大きさ $= f_A : (b - f_A)$

3.8 天体望遠鏡に長い筒が必要な理由

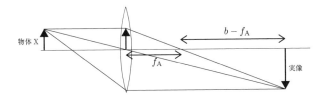

の関係がわかり、ここから倍率 $M' = \dfrac{\text{虚像の大きさ}}{\text{物体 X の大きさ}} = \dfrac{b - f_A}{f_A}$ と求められます。

また、次の図で示した2つの相似な三角形に着目すると、物体Xの大きさ：実像の大きさ $= a : b$ の関係がわかり、ここから倍率 $M' = \dfrac{b}{a}$ と求められます。

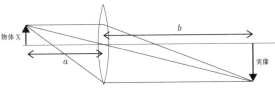

以上のことから

$$\dfrac{b - f_A}{f_A} = \dfrac{b}{a}$$

の関係がわかり、ここから $b = \dfrac{a f_A}{a - f_A}$ と求められます。

問題引用

(g) 次の文章の①および②に当てはまる適切な語もしくは語句を記せ。

a が f_A に対し十分に大きい場合、実像 X' できる位置は（①）に限りなく近くなり、その大きさは限りなく（②）。

次に2枚の凸レンズを組み合わせたときに起こる現象について考えるため、焦点距離 f_A〔m〕の凸レンズ L_A の後方 l〔m〕の位置に、焦点距離 f_B〔m〕の凸レンズ L_B を光軸が一致するように置いた。なお、物体Xは凸レンズ L_A の前方 a〔m〕（$f_A < a$）の位置にあるものとする。

第**3**章 波動編

(h) 凸レンズL_Aの後方には物体Xの実像X'ができる。実像X'の虚像X''が凸レンズL_Bの後方から観察されるためのlの条件をa，f_A，f_Bを用いて表せ。

(g)

設問（f）では、対物レンズによって実像が作られる位置について考えました。天体望遠鏡の対物レンズは、はるか遠くにある天体の実像を作ることになります。その場合にどのような位置に実像ができるか考えるのがこの設問です。

（f）で求めた実像の作られる位置bは

$$b = \frac{af_A}{a - f_A} = \frac{f_A}{1 - \frac{f_A}{a}}$$

と変形できることから、$a \gg f_A$のときには$\frac{f_A}{a} \to 0$より$b \to f_A$となること

がわかります。すなわち、実像は対物レンズの後方の焦点に限りなく近いところにできることになるのです。

そして、$b \to f_A$のとき対物レンズによる倍率$\frac{b - f_A}{f_A} \to 0$となり、作られる実像の大きさは限りなく小さくなる（0に近づく）ことになります。

(h)

対物レンズによる実像は、対物レンズから$\frac{af_A}{a - f_A}$だけ離れたところに作られます。そして、接眼レンズはこれをもとに虚像を作ります。このとき、虚像が見られるようになるには実像が接眼レンズに対して焦点より近いところに作られる必要があります。
以上のことは、

$$l - \frac{af_A}{a - f_A} < f_B$$

と表せます。

172

3.8 天体望遠鏡に長い筒が必要な理由

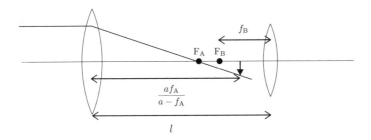

このとき、対物レンズによる実像が（計算上）接眼レンズの後方に作られる場合には、虚像が見えなくなります。すなわち、

$$\frac{af_A}{a-f_A} < l$$

であることも必要なのです。以上のことを整理すると

$$\frac{af_A}{a-f_A} < l < \frac{af_A}{a-f_A} + f_B$$

という条件を求めることができます。

天体望遠鏡で遠くの天体を観察するためには、2つのレンズ間の距離をこの範囲に収める必要があることがわかります。$a \gg f_A$ のときには

$$\frac{af_A}{a-f_A} \to f_A$$ であることから、この条件はおよそ

$$f_A < l < f_A + f_B$$

となります。

> ▶ **ここが面白い** ◀
>
> 設問（f）から対物レンズによる実像は対物レンズから距離 f_A 離れたあたりにでき、これが接眼レンズから距離 f_B 離れているときに最も観察しやすくなることが設問（e）よりわかります。このときには $l \to f_A + f_B$ となり、天体望遠鏡の観察はこのような調節をして行われるとわかるのです。

第3章 波動編

問題引用

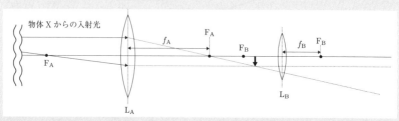

図5

(i) 物体Xからの光が図5のように凸レンズ L_A に入射し，実像X'ができた。図中のF_A, F_Bは，それぞれ，レンズL_A, L_Bの焦点の位置を示す。凸レンズL_Bの後方から観測される虚像X''を作図せよ。作図はフリーハンドで構わないが，光路の通過点を明示すること。

(i)

対物レンズによって実像が作られますが、接眼レンズによる光の屈折のために観測者には虚像が見えることになります。その様子は、次のように表せます。

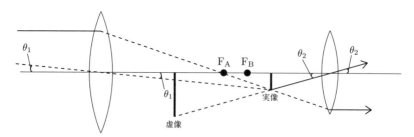

なお、このとき天体を直接見た場合の視角は図の θ_1、虚像の視覚は図の θ_2 となります。視覚は観察される物体の大きさを表すことから、天体望遠鏡の倍率は $\dfrac{\theta_2}{\theta_1}$ と表せることになります。

このとき θ_1、θ_2 はとても小さな値です。そのため、$\theta_1 \fallingdotseq \tan\theta_1$、

$\theta_2 \fallingdotseq \tan\theta_2$ という近似が成り立ちます。また、2つのレンズの間にある対物レンズの焦点 F_A と接眼レンズの焦点 F_B はほぼ一致させていること、両者の焦点のあたりに実像ができることから、実像の大きさは $f_A\tan\theta_1$ および $f_B\tan\theta_2$ と表せる、すなわち

$$f_A\tan\theta_1 \fallingdotseq f_B\tan\theta_2 \left(\iff \frac{\tan\theta_2}{\tan\theta_1} \fallingdotseq \frac{f_A}{f_B} \right)$$

であることから、結局天体望遠鏡の倍率は

$$\frac{\theta_2}{\theta_1} \fallingdotseq \frac{\tan\theta_2}{\tan\theta_1} \fallingdotseq \frac{f_A}{f_B}$$

のように、2つのレンズの焦点距離を用いて表せることがわかるのです。

▶ここが面白い◀

　天体望遠鏡の倍率は、対物レンズの焦点距離 f_A を大きく、接眼レンズの焦点距離 f_B を小さくすることで大きくできるのだとわかります。実際に、天体望遠鏡の対物レンズには焦点距離の大きいもの（薄いレンズ）が、接眼レンズには焦点距離の小さいもの（厚いレンズ）が使われています。星雲や星団の観測をするときには天体望遠鏡の倍率は 20 ～ 50 倍程度に、二重星や月面の詳しい観測を行うときには 50 ～ 100 倍ほどにして行うことになります。

　なお、対物レンズによって光が回折する（広がって進む）ため、実像の各点は半径 $f_A \times \dfrac{1.22\lambda}{D}$ ほどの広がりを持ちます（ λ：光の波長、D：対物レンズの口径（直径））。この値が実像の大きさ $f_A\tan\theta_1 \fallingdotseq f_A\theta_1$ より大きくなってしまうと、像の両端が区別できなくなってしまいます。すなわち、像をとらえられなくなるのです。このようにならないためには

$$f_A\theta_1 > f_A \times \frac{1.22\lambda}{D}$$

すなわち $\theta_1 > \dfrac{1.22\lambda}{D}$ である必要があり、$\dfrac{1.22\lambda}{D}$ は天体望遠鏡の「分解能」と呼ばれます。

第4章 電磁気学編

4.1 2023 大阪工業大学 | 大問❷ （1） ★☆☆☆☆

モバイルバッテリーの落とし穴……178

4.2 2021 大阪大学 | 大問❷ ★★★★☆

送電によって損失しているエネルギーはどのくらい？……182

4.3 2023 東京大学 | 大問❷ -I ★★★★★

質量を正確に測定するための大掛かりな装置！……190

4.4 2022 滋賀医科大学 | 大問❸ ★★★★★

人類に貢献する加速器の仕組みとは？①……198

4.5 2023 東京理科大学 （理学部） | 大問❸ （1） ★★★★☆

人類に貢献する加速器の仕組みとは？②……209

★☆☆☆☆	★★☆☆☆	★★★☆☆	★★★★☆	★★★★★

易 ←──────────────────→ 難

※難易度は著者の主観による目安であり、大学が設定したものではありません。

4.1 2023 大阪工業大学 | 大問❷ (1)
モバイルバッテリーの落とし穴

　今回の問題では、非常に身近なスマートフォンの充電について考えます。毎日のように行っていることですが、ここでは特にモバイルバッテリーが登場します。モバイルバッテリーは非常に便利ですが、あまり使いすぎるのも考えものということに気づかされる問題です。

問題引用

　外出先でスマートフォンのバッテリーが切れたとき、モバイルバッテリーを使って充電することもあるだろう（図1）。この充電の効率を簡単なモデルで考えてみよう。

図1 モバイルバッテリーとスマートフォン

　以下ではモバイルバッテリーとスマートフォンのバッテリーを、それぞれコンデンサーとみなして、それらの充電過程を図2のような電気回路で考えてみる。回路にはコンデンサー1（モバイルバッテリー）とコンデンサー2（スマートフォンのバッテリー）以外に、起電力 V の直流電源、抵抗1と抵抗2、およびスイッチSW1、SW2が接続されている。コンデンサー1の電気容量を C、コンデンサー2の電気容量を $\frac{1}{2}C$ とする。はじめ2つのスイッチは開いており、両方のコンデンサーは電荷を蓄えていないとする。

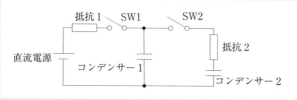

図2 電気回路

$\boxed{4.1}$ 　2023 大阪工業大学｜大問❷（1）
モバイルバッテリーの落とし穴

　　まずSW1を閉じた後，十分な時間が経過して，コンデンサー1が充電された。この状態はモバイルバッテリーが完全に充電された状態に対応する。
問1　コンデンサー1に蓄えられる電気量を求めよ。
問2　このとき，コンデンサー1に蓄えられる静電エネルギーを求めよ。

問1
　　電気容量Cのコンデンサー1には大きさVの電圧がかかるので、$\underline{CV}$の電荷が蓄えられます。

memo

　　コンデンサーに蓄えられる電荷$Q = CV$　（C：電気容量、V：コンデンサーの電圧）となります。

問2
　　コンデンサーに蓄えられているエネルギーは、電気容量Cと電圧Vを使って$\underline{\dfrac{1}{2}CV^2}$と求められます。

memo

　　コンデンサーに蓄えられるエネルギーは$\dfrac{1}{2}CV^2$（C：電気容量、V：コンデンサーの電圧）となります。

　　コンデンサー1（モバイルバッテリー）は、電源と同じ電圧になるまで充電されます。つまり、モバイルバッテリーを使えば電源と同じ大きさの電圧でスマートフォンを充電できるようになるのです。ただし、モバイルバッテリーの電圧が電源と等しいのは充電開始したときであり、充電が進むとともに電圧は下がっていきます。そのため、電源を使うときほどスマートフォンに充電できるわけではありません。
　　なお、モバイルバッテリーに蓄えられたエネルギーは$\dfrac{1}{2}CV^2$ですが、電圧Vで電荷CVを送り出した電源は$CV \times V = CV^2$だけ仕事をしています。つまり、電源が供給するエネルギーの半分しかコンデンサーには蓄えられないのです。このとき、残り半分は抵抗1で発生する熱になって

179

第4章 電磁気学編

います。

モバイルバッテリーの使用にはこのようなロスもあります。ただし、そのことは電源からスマートフォンへ直接充電する場合でも同じです。

モバイルバッテリーを使うときには、この後モバイルバッテリーからスマートフォンへ充電するときにもエネルギーロスが生じます。そのため、トータルでのエネルギー損失が大きくなってしまうのです。そのことについて、問3以降で考察します。

問題引用

次に，SW1を開き，SW2を閉じて十分に時間が経過した。

問3　コンデンサー2の両端の電圧を求めよ。
問4　コンデンサー2に蓄えられる静電エネルギーは，問2で求めた静電エネルギーの何%になるかを，有効数字2桁で答えよ。
問5　コンデンサー1，コンデンサー2にそれぞれ蓄えられる静電エネルギーの和が，問2の静電エネルギーに一致しない理由を答えよ。

実際には，モバイルバッテリーは電気エネルギーを化学エネルギーなどに変換することで長時間一定の起電力を保つ性質を持っており，コンデンサーと単純に置き換えられない。しかし，このようなモデル化で現実と同様な電力損失を示すことができた。

問3

コンデンサー1からコンデンサー2へ電荷が移ります。十分時間が経つと、2つのコンデンサーの電圧は等しくなります。また、2つのコンデンサーの電荷の和は電荷を移す前にコンデンサー1に蓄えられていた電荷と等しくなります。

以上のことから、2つのコンデンサーの電圧をV'とすると

$$CV = CV' + \frac{1}{2}CV'$$

4.1 2023 大阪工業大学 大問❷ (1)
モバイルバッテリーの落とし穴

の関係が成り立つと分かり、ここから $V' = \dfrac{2}{3}V$ と求められます。

問4

　コンデンサー2に蓄えられたエネルギーは $\dfrac{1}{2} \cdot \dfrac{1}{2}CV'^2 = \dfrac{1}{9}CV^2$ です。

この値は問2で求めた値の $\dfrac{\frac{1}{9}CV^2}{\frac{1}{2}CV^2} = \dfrac{2}{9}$ 倍であり、求める値は

$\dfrac{2}{9} \times 100 \fallingdotseq \underline{22}$ ％ です。

問5

　このとき、コンデンサー1には大きさ $\dfrac{1}{2}CV'^2 = \dfrac{2}{9}CV^2$ のエネルギーが

蓄えられています。よって、2つのコンデンサーに蓄えられたエネルギー

の和は $\dfrac{1}{9}CV^2 + \dfrac{2}{9}CV^2 = \dfrac{1}{3}CV^2$ であり、問2で求めたエネルギー $\dfrac{1}{2}CV^2$

より小さくなっています。

　これは、コンデンサー1から2へ電荷が移動するときには抵抗2に電流が

流れ、発熱が起こるためです。抵抗2では、$\dfrac{1}{2}CV^2 - \dfrac{1}{3}CV^2 = \dfrac{1}{6}CV^2$ の熱

が発生するのです。

▶**ここが面白い**◀

　このように、モバイルバッテリーからスマートフォンへ充電を行うと
きにもエネルギー損失が生じることが分かりました。モバイルバッテリー
による充電では電源と直接つないだときに比べてスマートフォンへ充電
できる量が小さくなるだけでなく、トータルでのエネルギー損失が大きく
なってしまうというデメリットもあることがわかる問題でした。

4.2 2021 大阪大学 大問❷

送電によって損失している
エネルギーはどのくらい？

　今回は、交流送電について考えます。私たちは日々、電気（電流）を使って生活しています。電池から流れ出す電流を利用するものもありますが、大半の場合はコンセントから取り出して使っています。また、スマートフォンなどの電池を充電するのにもコンセントからの電流が必要です。

　コンセントを通して利用するのは、太陽光発電で生み出されるものなどを除けば発電所で生み出されたエネルギーです。特に火力発電所や原子力発電所は、燃料調達や冷却水確保の都合からほとんどが海沿いに設置されています。日本の場合は電力の大半を火力発電に依存しているので、内陸部へは長距離送電によってエネルギーが届けられているわけです（原子力発電も同様です。2011年の東日本大震災後は原子力発電の割合が大きく減りましたが、震災前までは全体の3割ほどを占めていました）。

　さて、送電には送電線が用いられます。送電線には普通、銅が用いられています。金属には電気をよく伝えるという特徴がありますが、電気の伝えやすさには金属の種類によって差があります。あらゆる金属の中で最も電気を伝えやすいのは銀で、2番目が銅なのです。そういう意味では銀が最適かもしれませんが、希少で高価な銀を世界中に張り巡らされている電線に用いるのは現実的ではなく、比較的安価な銅が用いられているのです。銅は電気を伝えやすいとは言え、抵抗を持ちます。そして、抵抗に電流が流れると熱が発生します。発電所で生み出されたエネルギーの一部は、電線で消費されてしまうのです。送電において、エネルギーロスが避けられないのです。送電距離が長くなるほど、エネルギーロスも大きくなってしまいます。

　どの程度の割合のエネルギーが、送電線で失われるのでしょう？今回の問題では実際の送電線の様子を考え、エネルギーロスの割合を求めます。

4.2 送電によって損失しているエネルギーはどのくらい？

2021 大阪大学｜大問❷

問題引用

図1のように，発電所から遠方の電力の消費地へ，2本の送電線を用いて電力を送る場合を考える。送電線には長さ

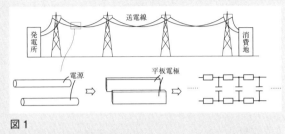

図1

に比例した電気抵抗(以降，抵抗という)がある。また，送電線を電極と考えると，平板電極の場合と同様に，並んだ2本の送電線はコンデンサーとして考えることができ，長さに比例した電気容量がある。これらの抵抗と電気容量は送電線に一様に分布している。この電気容量があるため，送電線での消費電力は，送電線の抵抗だけでは決まらない。

そこで，この送電線での消費電力量を考えるため，図2（次ページ）に示すように，抵抗は直列に合成して電線あたりに1個の抵抗とし，電気容量は並列に合成して送電線の消費地側の端に置かれた1つのコンデンサーとして近似する。これは，抵抗と電気容量が一様に分布している実際の場合をよく近似している。合成した抵抗値をそれぞれ R〔Ω〕，コンデンサーの電気容量を C〔F〕とし，消費地では抵抗値 r〔Ω〕の抵抗で電力を消費しているものとする。発電所から角周波数 ω〔rad/s〕の正弦波の交流で送電する。ただし，$\omega > 0$ とする。消費地での電圧の最大値を V〔V〕，1周期で時間平均した消費電力(以降，時間平均消費電力という)を $\overline{P_\mathrm{A}}$〔W〕とする。なお，$\sin^2 \omega t$ や $\cos^2 \omega t$ の時間平均は $\dfrac{1}{2}$ であることを用いてよい。

以下の問に答えよ。

問1 消費地での時刻 t での電圧を $v(t) = V \sin \omega t$ とする場合，時刻 t に消費地で消費する電力 $P_\mathrm{A}(t)$ を，V, r, ω, t を用いて表せ。

問2 図2の消費地の抵抗を流れる電流の最大値 I_r を，r を用いずに，V と，消費地での消費電力の時間平均消費電力 $\overline{P_\mathrm{A}}$ を用いて求めよ。

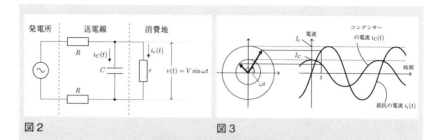

図2　　　　　　　　　図3

問3　図2のコンデンサーを流れる電流の最大値 I_C を，ω, C, V を用いて求めよ。

問4　図2の消費地の抵抗を流れる電流とコンデンサーを流れる電流の位相は，図3のように $\frac{\pi}{2}$ 異なっている。これらを合成した電流が送電線を流れる。送電線を流れる電流の最大値 I_R を，$\omega, C, V, \overline{P_A}$ を用いて求めよ。

問5　2本の送電線全体で消費する時間平均消費電力 $\overline{P_B}$ を，$\omega, C, V, \overline{P_A}, R$ を用いて求めよ。

問6　$\overline{P_A}$ と ω と C を固定した場合に，送電線で消費する時間平均消費電力 $\overline{P_B}$ を最小にする V の値 $V_{\min}$ と，そのときの $\overline{P_B}$ を，$\omega, C, \overline{P_A}, R$ のうち，必要なものを用いて表せ。ただし，相加相乗平均の不等式を用いてもよい。

問7　発電所から100 km離れた消費地での交流電圧の最大値が500 kVになるように，60 Hzの正弦波の交流を送電する。送電線の抵抗は1 kmあたり $0.10\,\Omega$ とする。送電線間の電気容量は1 kmあたりに $0.10\,\mu\mathrm{F}$ とし，図2のように100 km分合成して消費地側に集めて考えよう。消費地で100万kWの時間平均消費電力を消費しているときの，2本の送電線全体での時間平均消費電力に最も近いものを，以下の選択肢から選び，（あ）〜（け）の記号で答えよ。

（あ）　5万kW　　（い）　10万kW　　（う）　15万kW
（え）　20万kW　　（お）　25万kW　　（か）　30万kW
（き）　35万kW　　（く）　40万kW　　（け）　45万kW

4.2 2021 大阪大学｜大問❷
送電によって損失している
エネルギーはどのくらい？

問1

交流電圧は直流電圧と違い、時刻によって向きや大きさが変化します。
$v(t) = V \sin \omega t$ がそのことを表し、V はこの電圧の最大値、ωt は電圧の
「位相」と呼ばれます。

そして、抵抗に交流電圧が加えられると、抵抗には向きと大きさが時刻
によって変動する交流電流が流れます。このとき、抵抗に流れる電流の最

大値は電圧の最大値を抵抗値で割った値、すなわち $\dfrac{V}{r}$ となります。また、

電流の位相は電圧の位相と一致します。これらのことから、抵抗に流れる

電流 $i_r(t) = \dfrac{V}{r} \sin \omega t$ と表せます。

このとき、抵抗での消費電力 $P_{\mathrm{A}}(t) = i_r(t) v_r(t) = \dfrac{V^2}{r} \sin^2 \omega t$ と求めら

れます。

memo

消費電力は単位時間の消費エネルギーを表し、電流と電圧の積として求め
られます。

問2

$\sin^2 \omega t$ の時間平均が $\dfrac{1}{2}$ であることから、$\overline{P_{\mathrm{A}}}(t) = \dfrac{V^2}{2r}$ とわかります。

また、抵抗に流れる電流の最大値 $I_r = \dfrac{V}{r}$ です。これらのことから、

$I_r = \dfrac{V}{r} = \dfrac{2\overline{P_{\mathrm{A}}}(t)}{V}$ と求められます。

問3

図2において、交流電圧 $v(t) = V \sin \omega t$ は消費地の抵抗だけでなくコン
デンサーにもかかっています。そのため、コンデンサーにも交流電流が流
れます。

第4章 電磁気学編

　コンデンサーに交流電圧が加わるときに流れる電流の最大値は、電圧の最大値Vをコンデンサーのリアクタンスで割った値となります。リアクタンスはコンデンサーの「抵抗としてのはたらきの大きさ」を表し、$\dfrac{1}{\omega C}$です。よって、コンデンサーに流れる交流電流の最大値は $\dfrac{V}{\frac{1}{\omega C}} = \underline{\omega C V}$ となります。

　なお、コンデンサーの交流電流の位相は、交流電圧の位相 ωt よりも $\dfrac{\pi}{2}$ だけ進みます。すなわち、交流電流の位相は $\omega t + \dfrac{\pi}{2}$ となるのです。電流と電圧の位相が一致しない（電圧が0の瞬間に電流が最大値となる、電圧が最大値の瞬間に電流は0となる、というように変化のタイミングがずれるということです）のは不思議な感じがしますが、交流回路の大きな特徴です。

　以上のことから、コンデンサーを流れる電流 $i_C(t) = \omega C V \sin\left(\omega t + \dfrac{\pi}{2}\right)$ と表せると分かります。

問4

　ここからいよいよ、送電線でのエネルギーロスについて考えます。まずは、送電線に流れる電流を求めます。

　送電線に流れる電流は、消費地の抵抗とコンデンサーに枝分かれして流れていきます。よって、送電線に流れる電流は $i_r(t)$ と $i_C(t)$ の和であり、これを $i_R(t)$ と表すと

$$
\begin{aligned}
i_R(t) = i_r(t) + i_C(t) &= \frac{V}{r}\sin\omega t + \omega C V \sin\left(\omega t + \frac{\pi}{2}\right) \\
&= \frac{2\overline{P_{\mathrm{A}}(t)}}{V}\sin\omega t + \omega C V \cos\omega t \\
&= \sqrt{\left(\frac{2\overline{P_{\mathrm{A}}(t)}}{V}\right)^2 + (\omega C V)^2}\,\sin(\omega t + \theta)
\end{aligned}
$$

186

4.2 2021 大阪大学｜大問❷

送電によって損失している
エネルギーはどのくらい？

※ θ は、 $\tan\theta = \dfrac{\omega CV}{\frac{2\overline{P_{\mathrm{A}}(t)}}{V}} = \dfrac{\omega CV^2}{2\overline{P_{\mathrm{A}}(t)}}$ を満たす角度

と求められます。ここから、送電線に流れる電流 $i_R(t)$ の最大値

$$I_R = \sqrt{\left(\frac{2\overline{P_{\mathrm{A}}(t)}}{V}\right)^2 + (\omega CV)^2} \ \text{とわかります。}$$

memo

$A\sin\varphi + B\cos\varphi = \sqrt{A^2 + B^2}\sin(\varphi + \theta)$ ただし $\tan\theta = \dfrac{B}{A}$
の公式を使いました。

問5

問4で求めた $i_R(t)$ を使って、2本の送電線での消費電力

$$P_{\mathrm{B}}(t) = 2Ri_R\,(t)^2 = 2R\left\{\left(\frac{2\overline{P_{\mathrm{A}}(t)}}{V}\right)^2 + (\omega CV)^2\right\}\sin^2(\omega t + \theta)$$

と求められます。ここで、 $\sin^2(\omega t + \theta)$ の時間平均は $\dfrac{1}{2}$ なので、送電線

での消費電力の時間平均は

$$\overline{P_{\mathrm{B}}(t)} = 2R\left\{\left(\frac{2\overline{P_{\mathrm{A}}(t)}}{V}\right)^2 + (\omega CV)^2\right\} \times \frac{1}{2} = R\left\{\left(\frac{2\overline{P_{\mathrm{A}}(t)}}{V}\right)^2 + (\omega CV)^2\right\}$$

だとわかります。

問6

問5で求めた $\overline{P_{\mathrm{B}}(t)}$ は、 $\left(\dfrac{2\overline{P_{\mathrm{A}}(t)}}{V}\right)^2 + (\omega CV)^2$ が最小となるときに最小

値をとります。相加相乗平均の関係を用いると、

$$\frac{\left(\frac{2\overline{P_{\mathrm{A}}(t)}}{V}\right)^2 + (\omega CV)^2}{2} \geqq \sqrt{\left(\frac{2\overline{P_{\mathrm{A}}(t)}}{V}\right)^2 \times (\omega CV)^2}$$

とわかり、ここから $\left(\dfrac{2\overline{P_{\mathrm{A}}(t)}}{V}\right)^2 + (\omega CV)^2$ の最小値は

187

第**4**章 電磁気学編

$$2\sqrt{\left(\frac{2\overline{P_A}(t)}{V}\right)^2 \times (\omega CV)^2} = 4\overline{P_A}(t)\omega C \text{ とわかります。よって、}$$

$\overline{P_B}(t)$ の最小値は $R \times 4\overline{P_A}(t)\omega C = 4\overline{P_A}(t)\omega CR$ と求められます。

また、$\overline{P_B}(t)$ が最小となるのは前ページの相加相乗平均の関係式において等号が成り立つときであり、等号は

$$\left(\frac{2\overline{P_A}(t)}{V}\right)^2 = (\omega CV)^2$$

のときに成り立つことから、$V_{\min} = \sqrt{\dfrac{2\overline{P_A}(t)}{\omega C}}$ とわかります。

---

memo

> $a > 0$ 、 $b > 0$ のとき $\dfrac{a+b}{2} \geqq \sqrt{ab}$ の関係が成り立ち、$a = b$ のとき等号が成り立ちます。これを相加相乗平均の関係と言います。

問7

ここまでの考察をもとに、送電線での消費電力を具体的に求めるのが最後の設問です。

与えられている値を整理すると、

・消費地での交流電圧の最大値 $V = 500\ \text{kV} = 5.0 \times 10^5\ \text{V}$

・交流の角周波数 $\omega = 2\pi f = 2\pi \times 60 = 120\pi \fallingdotseq 376.8\ \text{rad/s}$

　（交流の周波数 f を使って求められます。円周率 $\pi \fallingdotseq 3.14$ としています。）

---

memo

> 角周波数は、単位時間の振動を rad を用いて表すもので（1回の振動を $2\pi\,(\text{rad})$ とする）、振動数（単位時間の振動の回数） f を用いて $2\pi f$ と表せます。

・片道分の送電線の抵抗値 $R = (0.10 \times 100) = 10\ \Omega$

　（抵抗値は抵抗の長さに比例することから、このように求められます。）

・送電線間の電気容量 $C = (0.10 \times 100)\ \mu\text{F} = 1.0 \times 10^{-5}\ \text{F}$

　（コンデンサーの電気容量は電極の面積に比例することから、このように求められます。）

188

$\boxed{4.2}$ **2021 大阪大学 | 大問❷**
送電によって損失している
エネルギーはどのくらい？

・消費地での消費電力の時間平均 $\overline{P_\mathrm{A}}(t) = 100$ 万 kW $= 1.0 \times 10^9$ W

となります。これらを、問5で求めた送電線での消費電力の時間平均

$$\overline{P_\mathrm{B}}(t) = R\left\{\left(\frac{2\overline{P_\mathrm{A}}(t)}{V}\right)^2 + (\omega CV)^2\right\} \text{へ代入して}$$

$$\overline{P_\mathrm{B}}(t) = 10\left\{\times\left(\frac{2 \times 1.0 \times 10^9}{5.0 \times 10^5}\right)^2 + (376.8 \times 1.0 \times 10^{-5} \times 5.0 \times 10^5)^2\right\}$$

$$\fallingdotseq 2.0 \times 10^8 \text{ W} = \underline{20 万 kW}$$

と求められます。

▶**ここが面白い**◀

　この場合、消費地での時間平均消費電力 100 万 kW に対して、送電線で 20 万 kW の電力が消費されることになるのです。なお、コンデンサーは電流が流れても電力を消費しません。よって、発電所からおよそ 120 万 kW の電力が送り出され、そのうちの 20 万 kW（およそ $\frac{1}{6}$）は送電線でのロスになってしまう計算です。馬鹿にならない損失があることが分かります。

　なお、問 6 で求めた送電線での消費電力を最小とするときの消費地の電圧の最大値 $V_\mathrm{min} = \sqrt{\dfrac{2\overline{P_\mathrm{A}}(t)}{\omega C}}$ に $\omega \fallingdotseq 376.8$ rad/s、$C = 1.0 \times 10^{-5}$ F、$\overline{P_\mathrm{A}}(t) = 1.0 \times 10^9$ W を代入すると、$V_\mathrm{min} \fallingdotseq 7.3 \times 10^5$ V（73 万 V）と求まります。送電ロスの割合を小さくするには、高電圧が必要なことが分かります。

　発電所からある一定の電力（＝電圧×電流）を送り出すとき、電圧を高くするほど送り出す電流を小さくできます。そのため、送電線での消費電力 {＝抵抗値×(電流)^2} を小さくできるのです。ただし、高電圧のまま使用するのは危険です。そこで、変圧器を用いて電圧を下げ、使用するときには 100V など低電圧となっているのです。今回の問題では登場しませんでしたが、変圧器によって電圧を変えられることは（直流送電では難しい）交流送電の大きなメリットであり、そのために世界中で交流送電が広く採用されているのです。

4.3 2023 東京大学 | 大問❷-I
質量を正確に測定するための大掛かりな装置！

物体の質量を測るときには、はかりや天秤を使います。測定を正確に行いたいときには、電子はかりや電子天秤が用いられます。

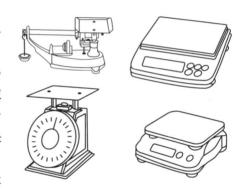

特に実験においてはこれらのデジタル機器を用いますが、それでも誤差がないわけではありません。測定の精度には限度があり、そこから表示できる桁数が決まります。

さて、はかりや天秤には非常に高い精度で質量を測定できるものもあります。今回の問題では、そのうちの1つである「ワット天秤」が登場します。非常に工夫された仕組みを用いて、質量を正確に測定できる装置です。どのようにして、質量を正確に測定できるのでしょう？ この問題を通して、その仕組みを覗いてみたいと思います。

問題引用

質量を精密に測定する装置について考えよう。

I 図2-1のように、滑らかに回転する軽い滑車に、半径 r、質量 M の円盤が、質量の無視できる糸と吊り具で水平につり下げられている。円盤の側面には導線

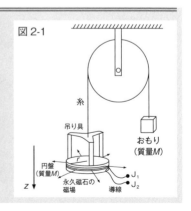

図2-1

4.3 質量を正確に測定するための大掛かりな装置！

が水平方向に N 回巻かれている。導線の巻き方向は，上から見たときに端子 J_1 を始点として時計回りである。滑車の反対側には質量 M のおもりがつり下げられている。円盤の厚さは十分に小さいものとする。

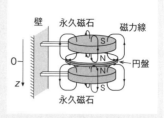

図 2-2

円盤の上下には図 2-2 のように，二つの円形の永久磁石を N 極同士が向かい合うように壁に固定する。鉛直方向下向きに z 軸をとり，二つの磁石の中間点を $z=0$ とする。円盤は，はじめ $z=0$ に配置されており，水平を保ちながら z 方向にのみ運動する。円盤が動く範囲では，図 2-3 のように円盤の半径方向を向いた放射状の磁場が永久磁石により作られ，導線の位置での磁束密度の大きさは一定の値 B_0 である。この磁場は円盤に巻かれた導線のみに作用するものとする。

この装置は真空中に置かれている。重力加速度は g，真空中の光速は c とする。円盤が動く速さは c よりも十分に小さい。糸の伸縮はない。導線の質量，太さ，抵抗，自己インダクタンスは無視する。また，円盤に巻かれていない部分の導線は，円盤の運動に影響しない。以下の設問に答えよ。

図 2-3

(1) おもりを鉛直方向に動かすことで，円盤を z 軸正の向きに一定の速さ v_0 で動かした。端子 J_1 を基準とした端子 J_2 の電位を，v_0, r, N, B_0 を用いて表せ。

(1)

おもりを動かすことで，おもりに巻かれた導線が磁場中を動くことになります。磁場中を動く（磁場を横切る）導線には誘導起電力が生じます。ここで求めるのはこの値です。

1 巻きの導線の長さは $2\pi r$ で，これが N 回巻かれているので導線全体の長さは $2\pi rN$ です。これだけの長さの導線が磁束密度 B_0 の磁場を速さ

v_0 で横切るとき、導線には大きさ $B_0 2\pi r N v_0$ の誘導起電力が生じます。そして、導線内の自由電子は $J_1 \to J_2$ の向きにローレンツ力を受けることから、J_1 より J_2 の方が高電位となることが分かります。

以上のことから、$V_1 = \underline{2\pi r N B_0 v_0}$ と求められます。

> **memo**
>
> 長さ l の導線が磁束密度 B の磁場を速さ v で横切るとき、導線には大きさ Blv の誘導起電力が生じます。

問題引用

図2-4のように，円盤の位置を精密に測定し電気信号に変換するため，この装置にはレーザー干渉計が組み込まれている。レーザー光源を出た周波数 f の光は，ハーフミラーで一部が反射し，一部は透過する。ハーフミラーで反射した光は円盤に取り付けた鏡 M_1 で反射し，ハーフミラーを透過した光は壁に固定された鏡 M_2 で反射する。M_1，M_2 で反

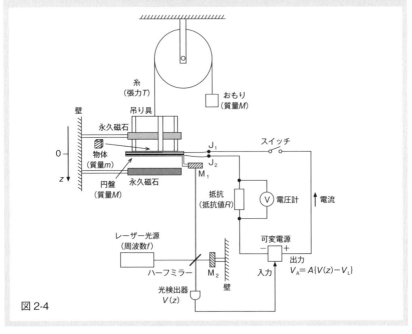

図 2-4

4.3 2023 東京大学｜大問❷-I

質量を正確に測定するための
大掛かりな装置！

射した光は，ハーフミラーで重ね合わされ光検出器に向かう。光の経路
は真空中にある。このとき，円盤の位置 z が変化すると，検出される光
の強さが干渉により変化する。光検出器からは，検出した光の強さに比
例した電圧 $V(z)$ が出力される。この電圧は，V_L と k を正の定数として
$V(z) = V_L + V_L \sin(kz)$ と表すことができる。鏡 M_1 の質量は無視できる。

(2) f と c を用いて k を表せ。

　図2-4の回路に含まれる可変電源は，光検出器の出力電圧を入力すると，
正の増幅率を A として $V_A = A\{V(z) - V_L\}$ なる電圧を出力する。抵抗値
R の抵抗に生じる電圧降下を，内部抵抗の十分大きな電圧計によって測
定する。

　いま，円盤の位置を $z = 0$ に戻し，静止させた。スイッチを閉じると円
盤は静止を続けた。次に，円盤の上に質量 m の物体を静かに置くと，物
体と円盤は一体となって鉛直下向きに運動を始めた。

(3) 円盤をつり下げている糸の張力を T，物体の速度を v とする。一体
となって運動する物体と円盤にはたらく力の合力を，$k, m, M, T, A, r,$
N, g, B_0, R, V_L, v, z のうち必要なものを用いて表せ。

---

(2)

　円盤の位置が z のときに2つの光が強めあっているとして，ここから z
が増加して次に2つの光が強めあうようになるのは，M_1 で反射する光の
光路長が光の波長 $\dfrac{c}{f}$ と等しい値だけ短くなるときです。z の変化を Δz
とすると光路長は $2\Delta z$ だけ短くなるので，

$$2\Delta z = \frac{c}{f}$$

を満たす $\Delta z = \dfrac{c}{2f}$ だけ z が変化したときに再び2つの光が強めあうとわ
かります。

　また、与えられた $V(z)$ の式から、$V(z)$ が最大となるのは

第4章 電磁気学編

$$kz = \frac{\pi}{2} + 2\pi m \ (m = 0, 1, 2, \cdots)$$

のときだとわかります。m が1変化するたびに $V(z)$ は最大となり、そのときの z の変化 $\Delta z'$ は $k\Delta z' = 2\pi$ より $\Delta z' = \frac{2\pi}{k}$ とわかります。

そして、2つの光が強めあうときに出力電圧 $V(z)$ が最大となることから、$\Delta z = \Delta z'$、すなわち

$$\frac{c}{2f} = \frac{2\pi}{k}$$

の関係がわかり、$k = \frac{4\pi f}{c}$ と求められます。

> **memo**
>
> ・光の波長 λ は、$c = f\lambda$（c：光速、f：光の振動数）から、$\lambda = \frac{c}{f}$ と求められます。
> ・$V(z)$ は $\sin(kz) = 1$ のとき最大となり、$\sin(kz) = 1$ となるのは $kz = \frac{\pi}{2} + 2\pi m \ (m = 0, 1, 2, \cdots)$ のときです。

(3)

物体と円盤および巻きつけられた導線が速度 v で運動するとき、(1) の結果から導線には大きさ $2\pi r N B_0 v$ の誘導起電力が生じると分かります。これは J_1 に対する J_2 の電位なので、可変電源の電圧の向きと一致します。

このとき、可変電源の電圧 $V_A = A\{V(z) - V_L\} = AV_L \sin(kz)$ となります。よって、回路全体の電圧は $2\pi r N B_0 v + AV_L \sin(kz)$ となり、これを回路全体の抵抗値 R で割って、回路を流れる電流の大きさ

$$I = \frac{2\pi r N B_0 v + AV_L \sin(kz)}{R}$$

となります（図に示された電流の向きを正とした値です）。

この電流は、円盤に巻きつけられた導線にも流れます。このとき、電流は磁場から力を受けます。その大きさは $I B_0 2\pi r N$ であり、電流が $J_1 \to J_2$ の向きに流れることから力の向きは鉛直上向きとなります。

	2023 東京大学	大問❷-I

4.3 質量を正確に測定するための大掛かりな装置！

物体と円盤（+巻きつけられた導線）には、これに加えて大きさ $(M+m)g$ の重力が鉛直下向きに、大きさ T の糸の張力が鉛直上向きにはたらくので、合力は

$$(M+m)g - T - IB_0 2\pi rN$$

$$= (M+m)g - T - \frac{2\pi rNB_0\{2\pi rNB_0 v + AV_{\mathrm{L}}\sin(kz)\}}{R}$$

と求められます。

---

memo

　磁束密度 B の磁場中にある長さ l の導線に大きさ I の電流が流れるとき、電流は磁場から大きさ IBl の力を受けます。

問題引用

　A が十分大きい値であったため，物体と円盤は一体のまま非常に小さな振幅で上下に運動し，時間とともにその振幅は減衰した。時間が経過してほぼ静止したと見なせるときの円盤の位置を z_1，電圧計の測定値の絶対値を V_2 とする。

(4) z_1 と V_2 を $k, m, A, R, N, g, B_0, R, V_{\mathrm{L}}$ のうち必要なものを用いて表せ。ただし，z_1 が十分に小さいため，近似式 $\sin(kz_1) \fallingdotseq kz_1$ を用いてもよい。

(5) 設問Ⅰ (1) の結果とあわせて，物体の質量 m を V_1, V_2, R, g, v_0 を用いて表せ。

---

(4)

　円盤が静止するのは、物体と円盤（+巻きつけられた導線）にはたらく合力が 0 となるときです。よって、z_1 は

第4章 電磁気学編

$$(M+m)g - T - \frac{2\pi r N B_0 \{2\pi r N B_0 v + A V_{\mathrm{L}} \sin(kz_1)\}}{R} = 0$$

を満たします。

また、物体と円盤が静止するときにはおもりも静止しており、おもりにはたらく力のつりあいから糸の張力の大きさ $T = Mg$ とわかります。さらに、物体の速度 $v = 0$ です。これらと、$\sin(kz_1) \fallingdotseq kz_1$ を代入して整理すると $z_1 \fallingdotseq \dfrac{Rmg}{2\pi r N B_0 A V_{\mathrm{L}} k}$ と求められます。

このとき、円盤に巻きつけられた導線は静止するため、誘導起電力が生じません。よって、電圧計の測定値の絶対値 V_2 は可変電源の電圧の絶対値と等しくなります。

$z = z_1$ のときの可変電源の電圧 $V_{\mathrm{A}} = A V_{\mathrm{L}} \sin(kz_1) \fallingdotseq A V_{\mathrm{L}} kz_1 > 0$ より、$V_2 \fallingdotseq A V_{\mathrm{L}} kz_1 \fallingdotseq \dfrac{Rmg}{2\pi r N B_0}$ と求められます。

(5)

設問 (4) では、$V_2 = \dfrac{Rmg}{2\pi r N B_0}$ という関係を求められました。また、設問 (1) では $V_1 = 2\pi r N B_0 v_0$ とわかりました。2つの関係式どちらにも $2\pi r N B_0$ が含まれており、これを消去すると $m = \dfrac{V_1 V_2}{Rg v_0}$ となります。

これは、(1) で円板を動かす速さ v_0、測定される電圧 V_1 と V_2、抵抗の抵抗値 R および重力加速度の大きさ g を用いて物体の質量 m が求められることを示しています。ここに登場する値を測定することで、物体の質量を精密に求めることが可能となるのです。

4.3 | 2023 東京大学｜大問❷-I
質量を正確に測定するための
大掛かりな装置！

Point

　以上が、物体の質量を正確に求められるワット天秤の仕組みです。
ここで、$\dfrac{V_2}{R}$ は物体と円盤が静止したときに回路に流れる電流を表
しており、物体の質量を求めるのに電圧 V_1 と電流 $\dfrac{V_2}{R}$ の積 $\dfrac{V_1 V_2}{R}$
が用いられることが分かります。このように、ワット天秤では測定
した電流値と電圧値の積を利用します。電流と電圧の積は「電力」
と呼ばれ、「W（ワット）」という単位を用いて表すことから、「ワッ
ト天秤」と名づけられているのです。

197

4.4

2022 滋賀医科大学 │ 大問❸

人類に貢献する
加速器の仕組みとは？①

　世の中にあるあらゆる物質は、さまざまな元素が集まって構成されています。「酸素」「水素」など元素には種類があり、100以上の元素が発見されています。その中でも、113番の元素である「ニホニウム」は日本の理化学研究所の研究チームによって発見されました。

　「ニホニウム」は、加速器を用いた実験によって発見されました。加速器とは、陽子や電子、原子核など目に見えない小さな粒子を電気の力によって加速する装置です。理化学研究所のチームは、加速器を用いて亜鉛の原子核（原子番号30）を光速の10%まで加速し、ビスマスの原子核（原子番号83）に衝突させるという実験を行いました。これを気が遠くなるほどの回数繰り返し、新元素合成に成功したのです。

　これは加速器が活用された有名な例ですが、他にも加速器は幅広く利用されています。例えば、加速した原子核を植物の組織に衝突させることで突然変異を起こし、新しい品種を生み出す研究が行われています。また、がん治療に利用される陽子線（陽子を加速したもの）や重粒子線（炭素原子核を加速したもの）を生み出すのも、加速器です。注射器や点滴の管などの医療器具の滅菌に、加速器で加速した電子が使われることもあります。薬品での滅菌には残留リスクがありますが、電子を用いればその心配がありません。

　これらはほんの一例で、加速器は私たちの知らないところで活躍しているのです。今回は、加速器の仕組みを理解できる問題を扱います。いったいどのような仕組みで粒子を加速するのでしょう？　加速器にはいくつかの種類があり、それぞれにメリットがあります。このことについても、今回紹介する2つの入試問題を通して理解していただければと思います。

4.4 2022 滋賀医科大学｜大問❸
人類に貢献する加速器の仕組みとは？①

問題引用

以下の文中の □ に入る適当な式を，{ } に入る適当な記号を記入し，設問に答えよ。

荷電粒子を電場や磁場により加速させる装置を加速器という。以下では，代表的な加速器であるサイクロトロンとシンクロトロンによる荷電粒子の加速について考える。

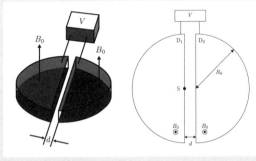

図1

(a) 図1はサイクロトロンの原理を示す立体図（左）と平面（右）である。真空中に半径 R_0 の半円形で薄い中空の2つの電極 D_1, D_2 が，R_0 に比べ十分小さい距離 d だけ離して置いてある。半円電極 D_1, D_2 間の電圧は V で，その大きさは一定であるが，正負が反転できるようになっている。この半円電極に垂直上向きに磁束密度 B_0 の一様磁場がかけられている。電極間の電場は一様かつ均一であり磁場はないとする。この装置で荷電粒子が加速されるしくみについて考える。重力は無視する。

まず，D_1 が正極，D_2 が負極となるように電圧 V をかけた状態で，D_1 の半円の中心付近に置いたイオン源Sから，質量 m，電荷 $q(>0)$ の荷電粒子が初速度0で供給される。荷電粒子は電極 D_2 に向かって加速され，速さ ① で D_2 の空洞内に入る。磁場によってローレンツ力を受け，これを向心力として，荷電粒子は等速で半径 ② の円軌道を半周描いた後，電極の直線部に到達し D_2 を出る。なお，荷電粒子の運動は，図1（右）の紙面表から見て {③ ア．時計回り　イ．反時計回り} である。

荷電粒子が電極 D_2 内にいる時間 T_0 は，④ である。この間に電極間電圧を反転させ，D_1 が負極，D_2 が正極となるように電圧 V をかけると，

第**4**章　電磁気学編

荷電粒子は電極間を通過するときに再び加速され，D_1 の空洞内に入り等速円運動を始める。荷電粒子が半周するのに要する時間は速さによらないので，時間間隔 T_0 で電圧の向きを変えるようにすれば，荷電粒子をつづけて加速できる。ただし，両電極間を通過する時間は T_0 に比べて十分短いとする。この電圧の反転を繰り返すことによって荷電粒子は加速され，円軌道の半径は次第に大きくなる。この円軌道が半円電極内にある場合で軌道半径が $R(R < R_0)$ になったとき，荷電粒子の速さは ⑤，荷電粒子がもつエネルギーは ⑥ になる。このときまでに電極間で加速された回数 N は，⑦ と求められる。

　一定の磁束密度 B_0 のもとで N 回加速して軌道半径が R になった後，R を一定に保ったまま荷電粒子を加速してから取り出したい。そのためには磁場と時間間隔を変動させる必要がある。

設問 ①

　日本初の加速器は1937年に仁科芳雄によって作られました。これは世界で2番目に作られたものです。このとき作られたのは「サイクロトロン」と呼ばれるものです。サイクロトロンは加速器の黎明期に発明されたもので、現在でも活用されています。まずは、この仕組みを考えます。

　サイクロトロンには、電場と磁場が用いられます。荷電粒子を加速するのは電場であり、磁場は荷電粒子の運動の向きを変えるために用いられます。

　荷電粒子は電場から qV の仕事をされ、この分だけ運動エネルギーが増加します。よって、静止していた荷電粒子が加速されて速さが v になったとすると、

$$\frac{1}{2}mv^2 - 0 = qV$$

の関係が成り立ち、ここから $v = \sqrt{\dfrac{2qV}{m}}$ と求められます。

設問 ②

　加速された荷電粒子は、磁場から大きさ qvB_0 のローレンツ力を受けて

200

4.4 2022 滋賀医科大学｜大問❸
人類に貢献する加速器の仕組みとは？①

等速円運動します。円軌道の半径を r とすると、円の中心方向の加速度の大きさは $\dfrac{v^2}{r}$ と表せます。よって、円の中心方向の運動方程式は

$$m\frac{v^2}{r} = qvB_0$$

と書け、ここから $r = \dfrac{mv}{qB_0}$ と求められます。ここへ $v = \sqrt{\dfrac{2qV}{m}}$ を代入して、$r = \dfrac{1}{B_0}\sqrt{\dfrac{2mV}{q}}$ と求められます。

> **memo**
>
> 運動方程式 $ma = F$ に、円の中心方向の加速度 $a = \dfrac{v^2}{r}$ と円の中心方向にはたらく力 $F = qvB_0$ を代入しています。

設問 ③

　正の電荷を持つ荷電粒子は、図において進行方向に対して右向きにローレンツ力を受けます。そのため荷電粒子は右へ逸れていく軌道を描きながら円運動する（時計回りに円運動する）ことになります。

設問 ④

　電極 D_2 内へ入った荷電粒子は円軌道を半周すると、D_2 を出ます。この間に移動する距離は πr であり、これを速さ v で運動します。よって $T_0 = \dfrac{\pi r}{v}$ であり、②で求めた運動方程式から $\dfrac{r}{v} = \dfrac{m}{qB_0}$ より、$T_0 = \dfrac{\pi r}{v} = \dfrac{\pi m}{qB_0}$ だとわかります。

> **▶ここが面白い◀**
>
> 　ここから、荷電粒子が電極に入ってから出るまでの時間は速さに無関係だと分かります。荷電粒子が電極間の通過を繰り返して加速されても、変わらないのです。そのため、電極間の電圧の向きを一定の周期で変化させる（T_0 経過するたびに変える）ことで、電圧の向きは常に荷電粒子の速度を大きくする向きとなるのです。

第**4**章　電磁気学編

　このような電圧の反転には、実際には一定周期で向きが変わる交流電圧が用いられています。

memo

　荷電粒子が速くなっても半周するのにかかる時間が変わらないのは、半周の距離が速さに比例して大きくなるためです。

　さて、磁場中を運動する荷電粒子の周期（1周するのにかかる時間）は速さによらず一定ですが、円軌道の半径は速さが変われば変化します。そのことは設問②で求めた $r = \dfrac{mv}{qB_0}$ の関係からわかります。円軌道の半径は、速さに比例しながら大きくなっていくのです。このことについて、次の設問で考えます。

設問 ⑤
　設問②で求めた $r = \dfrac{mv}{qB_0}$ の関係へ $r = R$ を代入して、$v = \underline{\dfrac{qB_0R}{m}}$ と求められます。

設問 ⑥
　このとき荷電粒子は運動エネルギーを持ち、その大きさは

$$\frac{1}{2}mv^2 = \underline{\frac{q^2 {B_0}^2 R^2}{2m}}$$

と求められます。

設問 ⑦
　荷電粒子は、電極間で1回加速されるたびに電場から qV の仕事をされ、この分だけ運動エネルギーが増加します。よって、N 回加速されると運動エネルギーは NqV だけ増加します。よって、最初に 0 だった運動エネルギーが $\dfrac{q^2 {B_0}^2 R^2}{2m}$ となったことから

202

$$\frac{q^2 {B_0}^2 R^2}{2m} - 0 = NqV$$

の関係が分かり、ここから $N = \dfrac{q{B_0}^2 R^2}{2mV}$ と求められます。

問題引用

問1

B_0 のもとで N 回加速したのち，さらに B_0 とは異なる一様磁場（磁束密度 B）のもとで i 回（$i = 1, 2, 3 \cdots$）加速するときに，軌道半径が R でありつづけるためには，$N + i$ 目の加速において，磁場密度 B と，電極間の電圧 V（一定の大きさ）の向きを変える時間間隔 T をそれぞれどのような値に設定すればよいか。B は B_0，T は T_0 を用いて表せ。

問1

荷電粒子が半径 R で円運動するときの円の中心方向の運動方程式は

$$m\frac{v^2}{R} = qvB$$

と書けます。ここから、荷電粒子の速さ v が大きくなっても $B = \dfrac{mv}{qR}$ のように磁束密度を変化させれば円軌道の半径を R に保てることが分かります。つまり、磁場の磁束密度を荷電粒子の速さに比例するように変化させればよいのです。

N 回加速されたときの荷電粒子の速さ v は

$$\frac{1}{2}mv^2 = NqV$$

より $v = \sqrt{\dfrac{2NqV}{m}}$ であり、$N + i$ 回加速されたときの速さ v' は

$$\frac{1}{2}mv'^2 = (N + i)qV$$

より $v' = \sqrt{\dfrac{2(N + i)qV}{m}}$ だとわかります。よって、i 回の加速によって

203

第4章 電磁気学編

荷電粒子の速さが $\dfrac{v'}{v} = \sqrt{\dfrac{N+i}{N}}$ 倍になったことになります。

以上のことから、N 回加速されたときには磁束密度は B_0 だったので、$N+i$ 回加速されたときには磁束密度を $\underline{B_0 \sqrt{\dfrac{N+i}{N}}}$ とすればよいことがわかります。

また、極板間の電圧の向きを変える時間間隔は荷電粒子が円軌道を半周するのにかかる時間に等しく $\dfrac{\pi R}{v}$ と表せ、これは運動方程式(設問②に登場)を利用して $\dfrac{\pi R}{v} = \dfrac{\pi m}{qB}$ と求められます。この値は磁束密度 B に反比例して変化するとわかります。よって、磁束密度が B_0 から $B_0 \sqrt{\dfrac{N+i}{N}}$ へ変化したとき、$T = \underline{T_0 \sqrt{\dfrac{N}{N+i}}}$ となることが分かります。電圧の向きを変える時間間隔をこのように変化させればよいのです。

> **問題引用**
>
> (b) 図2はシンクロトロンの原理図であり、閉じた円形の装置(半径 r のリング)に、速さ v の荷電粒子の群れ(多くの粒子が空間的に密集した状態)が多数投入され、それらが磁場で曲げられてリングを円運動する。荷電粒子は、一周する間に様々な理由でエネルギーを失うので、リングのどこかの領域(加速領域)で加速する必要がある。加速領域は、r に比べ十分に小さい。いま、荷電粒

図2

子が単位時間あたりにリングを周回する回数（周波数）を f，リング中の全荷電粒子数を n，電荷を $q(>0)$ とすると，リング中の平均の電流は，f，n，q を用いて $\boxed{8}$ と書ける。

設問⑧

　ここまで、サイクロトロンの仕組みについて考えてきました。サイクロトロンには、一定周期の交流電圧で荷電粒子を加速しつづけられるという利点がある一方で、加速とともに円軌道の半径が大きくなるため加速には限度があることが分かります。さらに、荷電粒子が加速されて光速に近づくと、荷電粒子の質量 m が大きくなります（「相対論的効果」と呼ばれ、相対性理論によって説明される現象です）。そのため、実際には半周する時間 $\dfrac{\pi m}{qB_0}$ が大きくなり、一定周期の交流電圧では加速できなくなってしまうのです。このような理由で、サイクロトロンでは光速に近い速度まで加速することは難しいのです。

　このような課題を克服する加速器に「シンクロトロン」というものがあります。ここからは、シンクロトロンについて考えます。シンクロトロンでは、荷電粒子が描く円軌道の半径を一定に保ちます。これは、問1で求めた通り荷電粒子の速度が大きくなるのに合わせて磁束密度を大きくすることで実現します。また、軌道が一定だと荷電粒子の速度が大きくなるにつれて軌道を周回するのにかかる時間が短くなります（これも問1で求めた結果と一致します）。これに合わせて加速電圧の周期を短くしていく必要もあるのです。

　問題文に示されている通り、シンクロトロンでは荷電粒子の群れを磁場中で円運動させながら、加速領域（電場）で加速します。この加速領域の交流電圧の周期を、粒子群の周期に合わせて変化させていくということです。

　リング中にある電荷の合計は nq です。これが、リング中の1つの断面を単位時間に f 回通過することから、この断面を単位時間に通過する電荷は $\underline{fnq}$ だとわかり、これがリング中の平均の電流を表します。

第4章 電磁気学編

> **memo**
> 電流の大きさは、回路中の断面を単位時間に通過する電荷を表します。

問題引用

　加速領域においては、高周波の交流電圧が用いられる。交流電圧が時刻 t、角周波数 ω のとして $V(t) = V_0 \sin \omega t$ で与えられたとする。荷電粒子が加速領域を通過するときの交流電圧の ωt の値を位相 ϕ とすると、荷電粒子が加速領域を通過する時間は非常に短いので、一回の加速で荷電粒子が得るエネルギーの増分は $E_a = qV_0 \sin \phi$ としてよい。図3は、交流電圧の一周期の時間変化と ϕ の関係を示したものである。荷電粒子を加速するには、荷電粒子がリングを周回するたびに、交流電圧の位相 ϕ で加速領域を通過して E_a のエネルギー増分を得るように交流電圧を設定する必要がある。交流電圧の周期は、荷電粒子がリングを一周する時間と同じかそれより短く設定する必要があるから、交流電圧の周波数 f_{RF} は、ある一つの荷電粒子の群れに着目した場合、荷電粒子がリングを周回する周波数 f の整数倍でなければならない。

　しかしながら、実際の一つの荷電粒子の群れに注目すると、個々の粒子でリングを周回する速さ v がわずかに異なるため、加速領域を通過する際の電圧の位相 ϕ は、全ての荷電粒子で同じではなく幅がある。図3のように、荷電粒子の群れの中心付近は位相 ϕ_C で通過していたとしても、群れのなかでもっとも速い粒子は ϕ_A で、もっとも遅い粒子は ϕ_B で加速領域を通過することになる。ある周回において、もっとも遅い荷電粒子が、位相 ϕ_B における高い電圧で加速される場合、次の

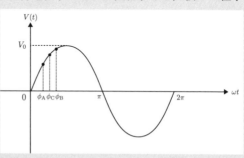

図3

周回では $\{$ ⑨ ア. ϕ_B より小さい イ. ϕ_B より大きい ウ. ϕ_B と変わらない $\}$ 位相で加速領域を通過することになる。ただし，問⑨では，加速領域以外のリングでの，v の変化量は全ての粒子で同一であるとし，かつ，v が変化しても周回軌道の半径は一定であるとしてよい。

問2　問⑨を参考に，ある周回において位相 ϕ_A で加速された荷電粒子は，次の周回ではどのような位相で加速領域を通過することになるかを述べよ。さらに，問⑨の結果と合わせて，荷電粒子の速さは，周回を重ねるときにどのように変化するかを述べよ。

　シンクロトロンは，周回半径を一定に保つようにした加速器であり，上記のように，エネルギーのばらついた荷電粒子の群れを集群（bunching）させて安定的に高いエネルギーで荷電粒子を加速できるように工夫されている。
　サイクロトロンやシンクロトロンといった加速器は粒子を高速に加速して標的となる原子核や素粒子に衝突させ，その構造を知るために使われるほか，放射性薬剤の製造などに利用されている。

設問⑨、問2

　シンクロトロンで粒子群を加速するとき、粒子群に含まれる各粒子の速さにはどうしてもバラツキが生まれます。このバラツキが大きくなると、粒子群は広がり、バラバラになってしまいます。

　なんと、シンクロトロンにはこのように粒子群の広がるのを防ぐ仕組みも備わっているのです。ここで問われているのは、そのことです。

　ここでは、粒子群の中で最も遅い荷電粒子に着目しています。加速電圧の位相は時間とともに $\phi_A \rightarrow \phi_C \rightarrow \phi_B$ と変化します。粒子群の中心付近の加速領域を通過するときの加速電圧の位相が ϕ_C であれば、それより先に加速領域を通過する速い粒子は加速電圧の位相が ϕ_A のときに、それより後に加速領域を通過する遅い粒子は加速電圧の位相が ϕ_B のときに加速さ

第4章 電磁気学編

れることになります。

この結果、遅い粒子ほど大きな電圧で加速されることになります。逆に、速い粒子は小さな電圧で加速されます。

このようにして、粒子による速さの差が緩和されます。ただし、このようなことがずっと続いたらやはり粒子間に速さの差が生まれてしまいます。しかし、そうはならないのです。

位相 ϕ_B の大きな電圧によって大きく加速された粒子は、次のときにはより早いタイミングで加速領域を通過することになります。つまり、加速されるときの電圧の位相が ϕ_C に近づく（ ϕ_B より小さくなる）のです。こうして、先ほどより小さな電圧で加速されることになります。

位相 ϕ_A の小さな電圧によって加速された粒子はこの逆です。次のときにはより遅いタイミングで加速領域を通過することになり、加速されるときの電圧の位相が ϕ_C に近づく（ ϕ_A より大きくなる）のです。こうして、先ほどより大きな電圧で加速されることになります。

memo

　このようにして、各粒子が加速領域で加速されるタイミング（位相）のずれは小さくなるのです。これは「位相安定の原理」と呼ばれます。

4.5 2023 東京理科大学（理学部）|大問❸（1）
人類に貢献する加速器の仕組みとは？②

前問では軌道半径を一定に保ちながら荷電粒子を加速しつづける、シンクロトロンの仕組みを学びました。荷電粒子を半径一定のまま加速するものには、「ベータトロン」というものもあります。これは、磁場を変化させることで生じる誘導起電力（誘導電場）を利用して荷電粒子を加速するものです。ただし、ある規則性に従って磁場を分布させなければ一定の軌道で加速しつづけることはできません。どのような規則性に従う必要があるか、この問題を通して知ることができます。

問題引用

正の電荷を持った大きさの無視できる点電荷の電場，磁場中での運動を考えたい。以下で説明する装置全体は常に真空中に置かれているものとする。重力の影響は無視する。

(1) 図3–1のように，質量 m の，正の電気量 q の点電荷の xy 平面内における運動を考える。面1に垂直で裏から表に向かう方向を z 軸とする。一定の磁束密度の大きさ B の一様な磁場が，z 軸負の向きにくわえられている。点電荷は，xy 平面内において，光速よりもじゅうぶん小さな一定の速さ v で，原点Oを中心とした半径 R の円運動をしている。

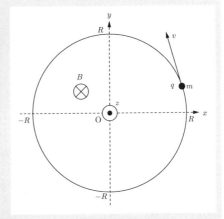

図3-1

点電荷の運動方程式を考えると，$v = \boxed{(ア)}$ と表せる。点電荷の運動を，円運動の軌道にそった巻数1の円環コイルに流れる電流とみなす。ただし，

第4章 電磁気学編

この円環コイルの電流が作る磁場は無視できるものとする。円運動の周期よりもじゅうぶん短い時間 Δt で，磁場の向きを変えないまま磁束密度の大ききを ΔB だけ増加させた。時間 Δt の間は点電荷の円運動の半径が変化しないと近似すると，点電荷の軌道の円環コイル内を貫く全磁束の大ききは $\Delta \Phi = \pi R^2 \Delta B$ だけ増加することになる。この磁束変化により，円環コイル沿いに誘導起電力が生じ，それは円環コイルに沿って一定の誘導電場が生じたことに相当する。円環コイルの円周の長さと一定の誘導電場の大ききの積は，誘導起電力の大ききと等しい。そして，誘導電場の大きさ E は $\boxed{イ}$ と表せる。生じた電場によって，点電荷の円運動の接線方向の速さは Δv だけ増加した。円運動の接線方向の加速度の大きさを $\dfrac{\Delta v}{\Delta t}$ とすると，点電荷が加速されているときの円運動の接線方向の運動方程式より，$\boxed{ウ}$ と表すことができる。加速後，点電荷は速さや円運動の半径が変化して，一定の速さ $v + \Delta v$，一定の半径 R' で円運動したとする。円運動の運動方程式を考えると，R' は，B，ΔB，R を用いて表すと $\boxed{エ}$ となる。

$\boxed{ア}$

円の中心方向の運動方程式は

$$m\frac{v^2}{R} = qvB$$

と書け、ここから $v = \dfrac{qBR}{m}$ と求められます。

$\boxed{イ}$

円環コイルに沿って生じる誘導起電力の大きさは $\dfrac{\Delta \Phi}{\Delta t} = \dfrac{\pi R^2 \Delta B}{\Delta t}$ です。

これが円周の長さ $2\pi R$ と誘導電場の大きさ E の積として表せることから、

$$\frac{\pi R^2 \Delta B}{\Delta t} = 2\pi R E$$

の関係が成り立ち、ここから $E = \dfrac{R\Delta B}{2\Delta t}$ と求められます。

> **4.5** 2023 東京理科大学（理学部）｜大問❸（1）
>
> 人類に貢献する加速器の仕組みとは？②

ウ

点電荷は誘導電場から大きさ qE の力を受けるので、円の接線方向の運動方程式は

$$m\frac{\Delta v}{\Delta t} = qE$$

と書けます。ここへ イ で求めた $E = \dfrac{R\Delta B}{2\Delta t}$ を代入して整理すると、

$$\Delta v = \frac{qR\Delta B}{2m} \quad \text{と求められます。}$$

エ

軌道半径が変化した後の円の中心方向の運動方程式は

$$m\frac{(v + \Delta v)^2}{R'} = q(v + \Delta v)(B + \Delta B)$$

と書けます。ここへ $v = \dfrac{qBR}{m}$ と $\Delta v = \dfrac{qR\Delta B}{2m}$ を代入して整理すると、

$$R' = \frac{2B + \Delta B}{2B + 2\Delta B}R \quad \text{と求められます。}$$

問題引用

次に，z 軸からの距離に応じて磁束密度の大きさが変化する磁場を z 軸負の向きにかけた場合を考える。ただし，z 軸を中心とした半径 R の円周上での磁束密度の大きさは B とする。このとき半径 R の円の内側を貫く全磁束の大きさは，円の内側で磁束密度の大きさを平均した値 $\overline{B}$ を用いて，$\Phi = \pi R^2 \overline{B}$ と表せるとする。一様な磁場の場合と同様に，xy 平面内で点電荷に半径 R の円運動をさせ，その上で z 軸からの距離が R の円周上での磁束密度の大きさを ΔB だけ増加させた。これに伴い，円環コイルの内側を貫く磁場の磁束密度の大きさの平均値と全磁束も，それぞれ $\Delta \overline{B}, \Delta \Phi = \pi R^2 \Delta \overline{B}$ だけ増加した。加速後の点電荷が半径 R の円運動を保つためには，$\dfrac{\Delta \overline{B}}{\Delta B} = \boxed{(オ)}$ である必要がある。

第**4**章 電磁気学編

オ

エ で得られた結果から、$R' \neq R$であることがわかります。すなわち、磁場を一様に保ったまま変化させる場合、点電荷が描く軌道半径が変化してしまうのです。

これを、z軸からの距離に応じて磁束密度が変化する磁場とすることで、軌道半径を一定に保つことができます。その方法を考えるのが最後の設問です。

イ では円軌道の内側の磁場の磁束密度が変化することで生じる誘導電場を求め、これによる速度変化が ウ で求めた $\Delta v = \dfrac{qR\Delta B}{2m}$ です。よって、ここに登場する ΔB は $\Delta\overline{B}$ に相当します。

一方、 エ では点電荷が円周上の磁場から受けるローレンツ力によって円運動する状況について、運動方程式を書きました。よって、 エ の運動方程式に登場する ΔB は円周上の値です。

これらのことから、$m\dfrac{(v+\Delta v)^2}{R'} = q(v+\Delta v)(B+\Delta B)$ へ $v = \dfrac{qBR}{m}$ と

$\Delta v = \dfrac{qR\overline{B}}{2m}$ を代入して R' が得られ、その値は $R' = \dfrac{2B+\Delta\overline{B}}{2B+2\Delta B}R$ だとわかります。そして、これが $R' = R$ を満たせば点電荷が描く円軌道の半

径は一定に保たれ、その条件は $\Delta\overline{B} = 2\Delta B$ $\left(\dfrac{\Delta\overline{B}}{\Delta B} = 2\right)$ だとわかります。

▶**ここが面白い**◀

これは、z軸に近いところほど磁束密度が大きいことを示しています。この関係を満たしながら磁束密度を変化させることで、点電荷を一定の円軌道で加速しつづけられるのです。そして、この仕組みを利用しているのがベータトロンです。この問題は、ベータトロンの仕組みを理解できるものでした。

第5章　原子物理編

5.1
2023 東京慈恵会医科大学｜大問❷‐Ⅱ　★★★★★

有名なアインシュタインの式 $E = mc^2$ はどうやって導かれる？……214

5.2
2023 慶應義塾大学（医学部）｜大問❶ 問 2　★★★☆☆

大昔と現在では地球に含まれる元素は大違い？……220

5.3
2021 同志社大学（理工学部）｜大問❸ ウ～ク　★★★★★

未知の粒子の存在に気付いたチャドウィックの慧眼……224

| ★☆☆☆☆ | ★★☆☆☆ | ★★★☆☆ | ★★★★☆ | ★★★★★ |

易 ←――――――――――――――――――――→ 難

※難易度は著者の主観による目安であり、大学が設定したものではありません。

5.1 2023 東京慈恵会医科大学│大問❷ − II

有名なアインシュタインの式 $E = mc^2$ はどうやって導かれる?

　今回は、「質量とエネルギーの等価性」をテーマにした問題を扱ってみたいと思います。質量はエネルギーの1つの形態であり、質量を持つ物体が運動せず静止していてもエネルギーを持っているというのが、「質量とエネルギーの等価性」が示すことです。

　質量 M の物体が静止しているとき、その物体は大きさ $E = Mc^2$ のエネルギーを持ちます。そして、物体が速さ v で運動しているときにはこれに大きさ $\frac{1}{2}Mv^2$ の運動エネルギーが加わります。つまり、物体の持つエネルギーは $Mc^2 + \frac{1}{2}Mv^2$ となるのです。

　さて、相対性理論によると物体の質量は運動する速さによって変わることが示されます。静止しているときに質量 M だった物体が速さ v で動いているときには、質量が $M' = \dfrac{M}{\sqrt{1 - \left(\frac{v}{c}\right)^2}}$ となります（c：真空中の光速）。これを用いて、物体のエネルギーは

$$Mc^2 + \frac{1}{2}Mv^2 = Mc^2\left(1 + \frac{1}{2}\frac{v^2}{c^2}\right) \fallingdotseq Mc^2\left(1 - \frac{v^2}{c^2}\right)^{-\frac{1}{2}} = M'c^2$$

と表せます。

> **memo**
>
> $|x| \ll 1$ のとき、$(1+x)^n \fallingdotseq 1 + nx$ の近似式を使っています （$\frac{v^2}{c^2} \ll 1$）。

　「質量とエネルギーの等価性」は、例えば原子力発電で利用されています。原子力発電では、原子核の「核分裂」という反応によって生み出されるエネルギーを利用します。原子核が分裂する反応ですが、このとき質量の和が減少します。そして、その分だけエネルギーが発生するのです。

　さて、$E = Mc^2$ の関係式は有名ですが、これはどのようにして導出されるのでしょう？今回の問題を解くと、その過程を知ることができます。

5.1 有名なアインシュタインの式 $E=mc^2$ はどうやって導かれる？

2023 東京慈恵会医科大学｜大問❷ – Ⅱ

問題引用

光には波動性と粒子性が備わっていることと，物体の運動量やエネルギーは観測者の運動状態によって異なって見えることを考えあわせることにより，質量 M の静止した物体がもつエネルギー E が，真空中の光速 c を用いて Mc^2 で与えられることを導こう。

図2

無重力の真空中で x 軸上を等速直線運動する2つの宇宙船A，Bがあり，Aから見るとBは速さ v で遠ざかっているものとする。宇宙船Aから送った光子が宇宙船Bで反射されて宇宙船Aに戻ってくる過程を考える。ここで，$v<c$ とする。なお，以下では宇宙船A，Bは質量が十分大きいとして，光子の受け渡しによる宇宙船の速度変化は考えなくてよい。

問6 宇宙船Aから x 軸に沿って1個の光子を宇宙船Bに向けて送り出し，それをBの上で観測する場合（図2参照）には，A上の観測者にとってはその光子のエネルギーが E_0 に見えていたものが，B上の観測者にとってはその同じ光子のエネルギーが E_1 に見えるとする。一方，Bに到着した光子がBで吸収されずに反射される現象は，Bから見て1個あたりのエネルギーが E_1 である光子を吸収したBが，Bから見て1個あたり同じエネルギー E_1 をもつ新たな光子を反対の向きに放出することに相当する。いま，A上の観測者から見てエネルギー E_0 をもった1個の光子をAから発射したところ，それがBで反射されてAに戻ってきたとする。その光子のエネルギーをAで観測したときの値を E_2 とするとき，$\dfrac{E_1}{E_0}$ 用いて $\dfrac{E_2}{E_0}$ を表せ。

問7 光は波動でもあるので，波動の一般的性質であるドップラー効果が観測される。Aから見て振動数が f の光がAから放出されてBに到着するとき，その全過程をA上で観測するならば，単位時間に何周期分の波

第5章 原子物理編

がBに到着するのが観測されるか。f, c, v のを用いて表せ。

問8 問7の光がBで反射されてAに向かう場合，その様子を，やはりA上で観測する。このとき，反射光はどのような振動数の光としてAで観測されるか。f, c, v のを用いて表せ。

問9 問6と問8の結果から v，c を用いて $\dfrac{E_1}{E_0}$ を表せ。

問6

Aから発せられた光子をBが観測するとき、Bの視点からはAは速さ v で遠ざかりながら光を発すると見えます。そして、光は速さ c で向かってきます。

Bから発せられた（反射された）光子をAが観測するとき、Aの視点からはBは速さ v で遠ざかりながら光を発すると見えます。そして、光は速さ c で向かってきます。

すなわち、A、Bどちらが光を受け取るときにも観測者に見える状況は全く同じだとわかります。よって、光子のエネルギーは同じように（同じ倍率で）変化する、すなわち $\dfrac{E_1}{E_0} = \dfrac{E_2}{E_1}$ であるとわかります。

このことから $\dfrac{E_2}{E_0} = \dfrac{E_1}{E_0} \times \dfrac{E_2}{E_1} = \left(\dfrac{E_1}{E_0} \right)^2$ と求められます。

> **memo**
>
> 以上の考察は、Aから見てもBから見ても光速は c で変わらないことが前提となっています。どのように運動する観測者から見ても、光速は一定です。これは、相対性理論によって示されている事実です。すなわち、光子のエネルギーについて考えるには相対性理論が必要なのです。

問7

Aの視点からは、速さ c で進む振動数 f の光をBは速さ v で遠ざかりながら観測していると見えます。よって、Bで観測する振動数 $f_1 = \dfrac{c - v}{c} f$ とわかります。

216

$$\boxed{5.1}$$ 2023 東京慈恵会医科大学｜大問❷ - Ⅱ

有名なアインシュタインの式
$E=mc^2$ はどうやって導かれる？

> **memo**
>
> 　静止した波源が発する振動数 f の波を波源から速さ v で遠ざかる観測者が受け取る振動数は $\dfrac{c-v}{c}f$ となります（c：波の速さ）。

問8

　Aの視点からは、Bは速さ v で遠ざかりながら振動数 f_1 の光を発します（反射します）。そして、光は速さ c で進んできます。よって、Aで観測する振動数 $f_2 = \dfrac{c}{c+v}f_1 = \underline{\dfrac{c-v}{c+v}f}$ とわかります。

　アインシュタインの光量子仮説は、1個の光子のエネルギーは振動数に比例することを示しています。よって、問7、8で求めた光（光子）の振動数の変化（の倍率）は、エネルギーの変化（の倍率）を示しているのです。問6では、いずれの場合にも同じ倍率で光子のエネルギーが変化することを利用しました。これと問7、8の結論とは矛盾するようにも思えますが、$\dfrac{c}{c+v} = \dfrac{1}{1+\frac{v}{c}} = \left(1+\dfrac{v}{c}\right)^{-1} \fallingdotseq 1-\dfrac{v}{c} = \dfrac{c-v}{c}$ であることから問7、8でも光子のエネルギーは同じ倍率で変化することが示されているとわかります。

> **memo**
>
> 　観測される光子のエネルギー変化の倍率
> ・B が受け取るとき：$\dfrac{E_1}{E_0} = \dfrac{c-v}{c}$ 　・A が受け取るとき：$\dfrac{E_2}{E_1} = \dfrac{c}{c+v}$

問9

　問6では $\dfrac{E_2}{E_0} = \left(\dfrac{E_1}{E_0}\right)^2$ の関係が示されました。また、問8では $\dfrac{f_2}{f} = \dfrac{c-v}{c+v}$ が示されましたが、光子のエネルギーは振動数に比例することから $\dfrac{E_2}{E_0} = \dfrac{f_2}{f} = \dfrac{c-v}{c+v}$ だとわかります。

　以上から $\left(\dfrac{E_1}{E_0}\right)^2 = \dfrac{c-v}{c+v}$、すなわち $\underline{\dfrac{E_1}{E_0} = \sqrt{\dfrac{c-v}{c+v}}}$ と求められます。

217

第5章 原子物理編

memo

　ここまで、光源や観測者が動くことで観測される光子のエネルギーが変化することについて考察しました。不思議な感じがしますが、このことが $E = Mc^2$ の関係式につながります。そのことについて続く設問で考えます。

問題引用

　例えば電子・陽電子の対消滅のように、粒子とその反粒子からなる複合系が消滅し、2つの光子に変わることがある。いま、宇宙船A上に静止していた質量 M の複合粒子Sが消滅して2つの光子が発生したとする。これをA上で観測するならば、運動量とエネルギーの保存則によって、2つの光子は大ききが等しく反対向きの運動量をもち、それぞれのエネルギーは静止した粒子Sがもっていたエネルギー E の半分である。運動量やエネルギーの保存則は観測者の運動状態に関わらず成り立つので、宇宙船B上の観測者にとっても、これら2つの光子の運動量やエネルギーの和は、Aと共に運動していた粒子Sの運動量やエネルギーに等しいはずである。

問10　粒子Sが消滅して発生したこれら2つの光子が x 軸に沿って互いに反対向きに放出されたとする。問9の結果を参考にして、B上の観測者から見た場合にこれら2つの光子のエネルギーがそれぞれどう見えるかを考え、その和を E, c, v を用いて表せ。

問11　$|v| \ll c$ のときには質量 M の粒子の運動エネルギーが $\dfrac{Mv^2}{2}$ で与えられることと、前問の結果を考えあわせることによって、質量 M の粒子が静止しているときには $E = Mc^2$ のエネルギーをもつことを導け。なお $|x| \ll 1$ のときに成り立つ近似式 $\dfrac{1}{\sqrt{1-x}} \fallingdotseq 1 + \dfrac{x}{2}$ を用いてよい。

問10

　Aから見た場合、発生した2つの光子はそれぞれ大きさ $\dfrac{E}{2}$ のエネルギーを持って見えます。

218

2023 東京慈恵会医科大学│大問❷ – Ⅱ

5.1 有名なアインシュタインの式 $E=mc^2$ はどうやって導かれる？

　これに対して、同じ2つの光子をBから見るとエネルギーが変化して見えます。今回、2つの光子のうち1つはBに近づき、もう1つはBから遠ざかります。

　まずはBに近づいてくる光子について考えます。AはBから速さ v で遠ざかりながら光を発するので、Bが受け取るとき光子のエネルギーは $\dfrac{E_2}{E_1}$ 倍になります。よって、$\dfrac{E_2}{E_1} = \dfrac{E_1}{E_0} = \sqrt{\dfrac{c-v}{c+v}}$ より受け取る光子のエネルギーは $\dfrac{E}{2}\sqrt{\dfrac{c-v}{c+v}}$ とわかります。

　次に、Bから遠ざかっていく光子についてです。このときには光子の速さは c で変わりませんが、進む向きが逆になります。そのため、光子のエネルギーは上の結果で c を $-c$ に変えて $\dfrac{E}{2}\sqrt{\dfrac{-c-v}{-c+v}} = \dfrac{E}{2}\sqrt{\dfrac{c+v}{c-v}}$ となります。　以上のことから、2つの光子のエネルギーの和は

$$\frac{E}{2}\sqrt{\frac{c-v}{c+v}} + \frac{E}{2}\sqrt{\frac{c+v}{c-v}} = \frac{E}{2}\left(\frac{c-v}{\sqrt{c^2-v^2}} + \frac{c+v}{\sqrt{c^2-v^2}}\right) = \frac{cE}{\sqrt{c^2-v^2}}$$

と求められます。

問11

　消滅前の複合粒子SをBから見ると、Sは E に加えて運動エネルギー $\dfrac{1}{2}Mv^2$ を持ちます。すなわちSのエネルギーは $E + \dfrac{1}{2}Mv^2$ に見えます。

　そして、2つの光子になったときには大きさ $\dfrac{cE}{\sqrt{c^2-v^2}}$ のエネルギーとなって見えることがわかりました。このときエネルギー保存則が成り立つことから

$$E + \frac{1}{2}Mv^2 = \frac{cE}{\sqrt{c^2-v^2}}$$

であり、与えられた近似式を使って $\dfrac{c}{\sqrt{c^2-v^2}} = \dfrac{1}{\sqrt{1-\frac{v^2}{c^2}}} \fallingdotseq 1 + \dfrac{v^2}{2c^2}$ とでき、これを代入して $\underline{E = Mc^2}$ の関係を得られます。

　今回の問題を通して、$E = Mc^2$ の関係が導出される考え方を知ることができました。

219

5.2 2023 慶應義塾大学（医学部）｜大問❶ 問2
大昔と現在では地球に含まれる元素は大違い？

　原子力発電では、ウランの核分裂による発熱を利用しています。ウランは地球に天然に存在する資源です。

　さて、ウランには同位体があり、天然に存在するのは ^{238}U が99.3％、^{235}U が0.7％ほどであり、その他の同位体はわずかです。ウランのほとんどは ^{238}U ですが、これは核分裂しません。核分裂を起こすのは ^{235}U なので、原子力発電ではこちらを濃縮して用います。

　現在の地球上では ^{238}U と ^{235}U が上記の比率で存在しますが、大昔は違いました。どうしてそんなことがわかるのかというと、両者の半減期が異なるからです。^{238}U と ^{235}U はどちらも放射性崩壊（放射線を発して別の元素に変わる）を行います。そのため、時間経過とともに減少していくのです。その減少の速さは「半減期」で表され、その元素が「放射性崩壊して半減するのにかかる時間」を示します。^{238}U の半減期はおよそ45億年、^{235}U の半減期はおよそ7億年と、大きく異なります。^{235}U の方が半減期が短いため、時間が経つほど ^{235}U の割合は小さくなっていくのです。現在はウラン全体に0.7％しか占めない ^{235}U ですが、昔は存在比率がもっと大きかったのです。

　では、地球ができた頃（約46億年前）のウランの同位体の存在比率はどうなっていたのでしょう？　半減期を用いて計算することで、これほど大昔のことがわかってしまうのです。

問題引用

問2　^{238}U は半減期45億年、^{235}U は半減期7億年で崩壊して ^{238}U および ^{235}U 以外の元素になる。また、太古の昔、宇宙スケールでの巨大な核反応により ^{238}U と ^{235}U が同量合成されたとする。現在の自然に存在する同位体の存在比は ^{238}U が99.3％。^{235}U が0.7％である。このことからこの

220

	2023 慶應義塾大学（医学部）｜大問❶ 問2
5.2	大昔と現在では地球に 含まれる元素は大違い？

元素合成が行われたのは何億年前として推定できるか。有効数字1桁答え

よ。必要なら $\log_2\left(\dfrac{99.3}{0.7}\right) \fallingdotseq 7.15$ を用いよ。

　問題では、巨大な核反応によって ^{238}U と ^{235}U が同量合成されたと仮定
して考えます。実際にウランのような原子番号の大きい元素（ウランの原
子番号は92）が合成されるのは、超新星爆発や中性子星合体といったビッ
グイベントのときであると考えられています。そして、そのときにはおよ
そ ^{238}U $:^{235}$ U $= 5 : 7$ という比率で合成される（された）と推測されてい
ます。

　ここでは、まずは設問の設定（^{238}U と ^{235}U が同量合成された）に従っ
て考え、その後に実際のウラン合成についても考えてみます。

　まずは、設問の設定に従って考えましょう。合成された直後の ^{238}U と
^{235}U の数をともに N_0 とします。すると、時間が t 年経過したときの
^{238}U の数は $\left(\dfrac{1}{2}\right)^{\frac{t}{45\,\text{億}}} N_0$、^{235}U の数は $\left(\dfrac{1}{2}\right)^{\frac{t}{7\,\text{億}}} N_0$ となります。両者が
$\left(\dfrac{1}{2}\right)^{\frac{t}{45\,\text{億}}} N_0 : \left(\dfrac{1}{2}\right)^{\frac{t}{7\,\text{億}}} N_0 = 99.3 : 0.7$

という比で存在するようになる時間 t を求めればよく、

$$\left(\dfrac{1}{2}\right)^{\frac{t}{7\,\text{億}}} \times 99.3 = \left(\dfrac{1}{2}\right)^{\frac{t}{45\,\text{億}}} \times 0.7$$

$$2^{-\left(\frac{t}{45\,\text{億}} - \frac{t}{7\,\text{億}}\right)} = \dfrac{99.3}{0.7}$$

$$\log_2 2^{\frac{38t}{(45 \times 7)\,\text{億}}} = \log_2 \dfrac{99.3}{0.7}$$

$$\dfrac{38t}{(45 \times 7)\,\text{億}} \fallingdotseq 7.15$$

$$t \fallingdotseq \dfrac{(45 \times 7)\,\text{億} \times 7.15}{38} \fallingdotseq \left(6 \times 10^1\right)\,\text{億年}$$

と求められます。^{238}U と ^{235}U が同量存在したのは、これほど時間を遡っ
た時代であるとわかります。

221

第5章 原子物理編

それでは、最初の反応で $^{238}\mathrm{U} :^{235}\mathrm{U} = 5 : 7$ という比率でウランが合成されたらどうか、考えてみましょう。考え方は同じです。

合成された直後の $^{238}\mathrm{U}$ と $^{235}\mathrm{U}$ の数をそれぞれ N_0、$\frac{7}{5}N_0$ とします。すると、時間が t 年経過したときの $^{238}\mathrm{U}$ の数は $\left(\dfrac{1}{2}\right)^{\frac{t}{45\,\text{億}}} N_0$、$^{235}\mathrm{U}$ の数は $\left(\dfrac{1}{2}\right)^{\frac{t}{7\,\text{億}}} \times \dfrac{7}{5}N_0$ となります。両者が

$$\left(\dfrac{1}{2}\right)^{\frac{t}{45\,\text{億}}} N_0 : \left(\dfrac{1}{2}\right)^{\frac{t}{7\,\text{億}}} \times \dfrac{7}{5}N_0 = 99.3 : 0.7$$

という比で存在するようになる時間 t を求めればよく、

$$\left(\dfrac{1}{2}\right)^{\frac{t}{7\,\text{億}}} \times \dfrac{7}{5} \times 99.3 = \left(\dfrac{1}{2}\right)^{\frac{t}{45\,\text{億}}} \times 0.7$$

$$2^{-\left(\frac{t}{45\,\text{億}} - \frac{t}{7\,\text{億}}\right)} = \dfrac{99.3 \times 7}{0.7 \times 5}$$

$$\log_2 2^{\frac{38t}{(45 \times 7)\,\text{億}}} = \log_2 \dfrac{99.3}{0.5} (\fallingdotseq 7.634)$$

$$\dfrac{38t}{(45 \times 7)\,\text{億}} \fallingdotseq 7.634$$

$$t \fallingdotseq \dfrac{(45 \times 7)\,\text{億} \times 7.634}{38} \fallingdotseq 63\,\text{億年}$$

と求められます。現在地球に存在するウランは、これほど昔に合成されたものと推測できるのです。

	2023 慶應義塾大学（医学部）｜大問❶ 問2
5.2	大昔と現在では地球に
	含まれる元素は大違い？

▶ここが面白い◀

　なお、太陽系（そして地球）が誕生したのは今からおよそ46億年前と考えられています。実は、これもウランの存在比を利用して推定されている年齢です。

　^{238}U は放射性崩壊によって最終的に安定な ^{206}Pb になります。そのため、岩石や鉱物中の ^{206}Pb の数は時間とともに増えていきます。

　また、岩石や鉱物中にはウランの崩壊によって増減することのない ^{204}Pb も含まれています。そこで、^{204}Pb に対する ^{206}Pb の存在比率 $^{206}Pb/^{204}Pb$ を調べます。

　$^{206}Pb/^{204}Pb$ の値は、ウラン生成時から大きくなりつづけています。そこで、^{238}U の半減期をもとに $^{206}Pb/^{204}Pb$ の値が0から現在の値になるまでの時間を求めれば、それがウランの生成にかかった時間を表します。ただし、それはウラン生成にかかった時間であり、地球が誕生してからの時間を示すわけではありません。地球が誕生したときにはすでに ^{238}U の崩壊は進んでおり、^{206}Pb が生成されていたからです。

　そこで、隕石を用います。地球はドロドロのマグマが固まってできましたが、隕石もほぼ同じ時期に同じようにして作られたと考えられます。そのため、誕生時の隕石の $^{206}Pb/^{204}Pb$ の値は誕生時の地球とほぼ同じ値になっているのです。そして、隕石の中には ^{238}U を含まないものがあります。その場合、^{206}Pb が増えることはなく $^{206}Pb/^{204}Pb$ の値は一定に保たれます。つまり、現在の隕石に $^{206}Pb/^{204}Pb$ の値が誕生時の地球の値と等しくなっているものがあるのです。その値が現在の地球上の値になるまでの時間が、地球の年齢を示すというわけです。

5.3 2021 同志社大学（理工学部）|大問❸ ウ〜ク
未知の粒子の存在に
気付いたチャドウィックの慧眼

　レントゲン撮影は、物質を透過する性質のあるX線を用いて体内の様子を調べる方法です。X線は、1985年にレントゲン博士によって発見されました。X線は放射線の一種であり、レントゲン博士の発見が放射線研究の始まりとされています。

　この翌年、ベクレルはウラン鉱石から放射線が放出されていることを突き止めます。自然界の中に放射線を出す能力（放射能）を持つものが存在することが発見されたのです。

　1898年には、キュリー夫妻がウラン鉱石の中にウランよりも強く放射線を出すポロニウムやラジウムという元素が含まれることを見つけ、放射線研究を進展させます。

　同じ年、ラザフォードは放射性物質から発せられる放射線の中に、2種類のものがあることを突き止めます。これは、現在 α 線、β 線と呼ばれている放射線です。α 線と β 線が区別できたのは、これらが異なる電荷を持っている（α 線は正電荷、β 線は負電荷）ためです。

　そして、1900年にはヴィラールが電荷を持たず透過力が高い放射線を発見します。性質はX線に似ていますがX線とは異なるものであることが確かめられました。1903年にラザフォードによってこの放射線は電磁波であることが示され、γ 線と名づけられることになります。

　レントゲン博士によってX線が発見され、それに続いて α 線、β 線、γ 線といった放射線が発見されたのです。そして、放射線には中性子線というものもあります。これは中性子という電荷を持たない粒子が高速で飛んでいくものです。

　中性子は、1932年にチャドウィックによって発見されました。中性子は原子の構成要素でもあります。チャドウィックによる中性子の発見は、放射線研究のみならず原子の構造の解明に大きく寄与したのです。

　今回の問題は、チャドウィックが中性子を発見するきっかけとなった実

	2021 同志社大学（理工学部）｜大問❸ ウ〜ク

5.3 未知の粒子の存在に 気付いたチャドウィックの慧眼

験およびチャドウィックの考察に関するものです。チャドウィックは、中性子線が放出される現象自体を見つけたわけではありません。中性子線が放出される現象は別の科学者らによって見つけられましたが、その正体は不明だったのです。その正体が「電荷を持たない粒子」である中性子だと突き止めたのが、チャドウィックなのです。これは、そのように考えることで実験の結果をうまく説明できることが根拠となっています。

　問題文を通して、チャドウィックがどのような考察を行ったのか、追体験をしてみましょう。

問題引用

　次の文中の空欄（ケ）にあてはまる整数を，（ウ），（オ），（ク）にあてはまる小数を有効数字2桁で記入せよ。また，空欄（エ），（カ），（キ）にあてはまる式を記入せよ。ただし，電気素量を1.60×10^{-19} Cとする。必要であれば，$\sqrt{2} \fallingdotseq 1.41$，$\sqrt{5} \fallingdotseq 2.24$，$\sqrt{7} \fallingdotseq 2.65$を用いよ。

　1930年にドイツのボーテとベッカーはボロニウム210の放射性崩壊で放出された放射線をベリリウム9（$^{9}_{4}\text{Be}$）に照射すると，透過率がきわめて高い放射線がでてくることを発見し，この放射線を「ベリリウム線」と名づけた。

　1932年にイギリスのチャドウィックは，静止している水素$^{1}_{1}\text{H}$の原子核にベリリウム線を照射すると，照射した方向に5.60 MeVの運動エネルギーをもつ陽子が放出されることを観測した。また，静止している窒素$^{14}_{7}\text{N}$の原子核にベリリウム線を照射すると，照射した方向に1.40 MeVの運動エネルギーをもつ窒素$^{14}_{7}\text{N}$の原子核が放出されることを観測した。

　ベリリウム線を電磁波であると仮定し，照射後は照射した方向と逆方向に散乱されたとする。ベリリウム線の光子が原子核に衝突するとし，陽子の質量をM〔kg〕とする。ベリリウム線を水素$^{1}_{1}\text{H}$の原子核に放射したとき，放出された陽子の運動量の大きさは$\boxed{\text{ウ}} \times \sqrt{M}$〔kg·m/s〕である。放出された陽子の速さを$V$〔m/s〕，光の速さを$c$〔m/s〕とすると，水

225

第5章 原子物理編

素 $^1_1$H の原子核に照射する前のベリリウム線の光子のエネルギーは M、V、c のみを用いて $\boxed{\text{エ}}$〔J〕とあらわせる。V が c より十分に小さいことを考慮すると、水素 $^1_1$H の原子核に照射する前のベリリウム線の光子のエネルギーの、窒素 $^{14}_7$N の原子核に照射する前のベリリウム線の光子のエネルギーに対する比の値は（オ）となり、照射された原子核によってベリリウム線の光子のエネルギーは大きく異なることになってしまう。

　一方、ベリリウム線を質量 m〔kg〕をもつ粒子であると仮定し、照射後ベリリウム線の粒子は照射した方向と逆方向に散乱されたとする。ベリリウム線の粒子と原子核の衝突は弾性衝突であるとし、衝突前のベリリウム線の粒子の速さを v〔m/s〕とする。水素 $^1_1$H の原子核に照射したとき、放出された陽子の速さは m、M、v を用いて $\boxed{\text{カ}}$〔m/s〕とあらわせる。放出された陽子の速さの、放出された窒素 $^{14}_7$N の原子核の速さに対する比は、m の M に対する比 $k\left(=\dfrac{m}{M}\right)$ のみを用いて $\boxed{\text{キ}}$ とあらわせる。よって、k の値は（ク）と求められる。

────────────────────────────────────

（ウ）

　問題文で示されているように、1930年にそれまで知られていなかった放射線が発見され、「ベリリウム線」と名づけられました。ただし、このときにはベリリウム線の正体は不明でした。その正体が「中性子」であることを突き止めたのが、チャドウィックです。

　チャドウィックが考察したのは、ベリリウム線を水素原子核に照射したときと、窒素原子核に照射したときの結果についてです。これらについて、まずはベリリウム線を電磁波であると仮定して考えます。

　ベリリウム線を照射したときに放出された陽子（水素原子核）の速さを V とすると、陽子の運動エネルギーは $\dfrac{1}{2}MV^2$、運動量の大きさは MV と表せます。そして、実験結果として求められているのは陽子の運動エネルギーの値です。これが $5.60\,\text{MeV} = (5.60 \times 1.60 \times 10^{-19} \times 10^6)$ J、

5.3 未知の粒子の存在に気付いたチャドウィックの慧眼

すなわち $\frac{1}{2}MV^2 = 5.60 \times 1.60 \times 10^{-19} \times 10^6$ です。ここから

$$V = \sqrt{\frac{2 \times 5.60 \times 1.60 \times 10^{-19} \times 10^6}{M}}$$ とわかり、これを用いて陽子の運動量の大きさは

$$\begin{aligned}
MV &= \sqrt{2 \times 5.60 \times 1.60 \times 10^{-19} \times 10^6 M} \\
&= \sqrt{7 \times 16 \times 16 \times 10^{-15} M} \\
&= 16 \times 10^{-8} \sqrt{70 M} \\
&= 16 \times 10^{-8} \times \sqrt{7} \times \sqrt{2} \times \sqrt{5} \times \sqrt{M} \\
&\fallingdotseq \underline{1.3 \times 10^{-6} \sqrt{M}} \, (\mathrm{kg \cdot m/s})
\end{aligned}$$

と求められます。

> **memo**
>
> 1eV は 1 個の電子が 1V の電圧で加速されたときに得られるエネルギーで、1eV = (1.60×10^{-19}) C $\times$ 1 V = 1.60×10^{-19} J です。

(エ)

水素原子核に照射する前のベリリウム線の光子のエネルギーを E、照射後のエネルギーを E' とします。このとき、照射前後のベリリウム線の光子の運動量の大きさは $\dfrac{E}{c}$、$\dfrac{E'}{c}$ となります。よって、照射前後のエネルギー保存則と運動量保存則は(光子の運動量の向きが変わることに注意して)

エネルギー保存： $E = E' + \dfrac{1}{2}MV^2$

運動量保存　：　$\dfrac{E}{c} = -\dfrac{E'}{c} + MV$

と表せます。2式から E' を消去すると $E = \underline{\dfrac{MVc}{2}\left(1 + \dfrac{V}{2c}\right)}$ (J) と求められます。

第 **5** 章　原子物理編

> **memo**
>
> 　光子の運動量の大きさは、光子のエネルギー E を光速 c で割って $\dfrac{E}{c}$ と表せます。

(オ)

　(エ)では、水素原子核に照射した場合の照射前のベリリウム線光子のエネルギーがどのように表せるか求めました。ここで、放出された陽子の速さ $V \ll$ 光の速さ c なので、ベリリウム線光子のエネルギー $E \fallingdotseq \dfrac{MVc}{2}$ と近似できます。

　ベリリウム線を窒素原子核に照射した場合にも照射前の光子のエネルギーは同様に求められ、窒素原子核の質量 M' と放出された窒素原子核の速さ V' を使って $E \fallingdotseq \dfrac{M'V'c}{2}$ と求められます。ここで、窒素原子核の質量は水素原子核の質量のおよそ14倍であることから、$M' \fallingdotseq 14M$ とわかります。

> **memo**
>
> 　原子核は陽子と中性子から構成されています。1個の陽子と1個の中性子の質量はほぼ等しいため、原子核の質量は陽子と中性子の合計数（＝質量数）にほぼ比例します。元素記号の左上に記されているのが質量数なので、窒素原子核（質量数14）の質量は水素原子核（質量数1）のほぼ14倍だとわかります。なお、元素記号の左下に記されているのは原子番号（陽子の数）です。

　以上のことから
・水素原子核に照射前のベリリウム線光子のエネルギー $E \fallingdotseq \dfrac{MVc}{2}$

・窒素原子核に照射前のベリリウム線光子のエネルギー $E' \fallingdotseq \dfrac{14MV'c}{2}$

とわかり、

$$\frac{E}{E'} = \frac{\frac{MVc}{2}}{\frac{14MV'c}{2}} = \frac{\sqrt{\frac{1}{2}MV^2} \times \sqrt{\frac{M}{2}}}{\sqrt{\frac{1}{2}14MV'^2} \times \sqrt{\frac{14M}{2}}} = \frac{\sqrt{5.60}}{\sqrt{1.40} \times \sqrt{14}} = \frac{\sqrt{2} \times \sqrt{7}}{7} \fallingdotseq \underline{0.53}$$

と求められます。

| 5.3 | **2021 同志社大学（理工学部）| 大問❸ ウ〜ク**
未知の粒子の存在に
気付いたチャドウィックの慧眼 |

　この結果は、2つの実験において同じベリリウム線を用いたにもかかわらずベリリウム線光子のエネルギーが大きく異なる値として導出されてしまうことを示します。ここまでの考察は、ベリリウム線を電磁波であると**仮定**して行ってきました。その結果として、矛盾した結論が得られるのです。このことは、ベリリウム線が電磁波だとする仮定が**間違っている**ことを示しています。このようにして、ベリリウム線の正体は電磁波ではないことがわかったのです。

▶ここが面白い◀

　放出された陽子の運動量の大きさ $MV = 1.3 \times 10^{-6}\sqrt{M}(\mathrm{kg \cdot m/s})$、と陽子の質量 $M \fallingdotseq 1.7 \times 10^{-27}$ kg 、光速 $c \fallingdotseq 3.0 \times 10^8$ m/s 、1.6×10^{-19} J $= 1$ eV であることを用いると、ベリリウム線が電磁波だとする仮定から得られる

$$E \fallingdotseq \frac{MVc}{2} = \frac{1.3 \times 10^{-6}\sqrt{1.7 \times 10^{-27}} \times 3.0 \times 10^8}{2} \fallingdotseq 8.0 \times 10^{-12} \text{ J}$$

$$= 5.0 \times 10^7 \text{ eV}$$

$$= (50 \text{ MeV})$$

となります。

　同様に、ベリリウム線が電磁波だとする仮定から得られる

$$E' \fallingdotseq \frac{14MV'c}{2}$$

$$= \frac{\sqrt{2 \times 1.40 \times 1.60 \times 10^{-19} \times 10^6 \times 14M} \times 3.0 \times 10^8}{2}$$

$$= \frac{\sqrt{2 \times 1.40 \times 1.60 \times 10^{-19} \times 10^6 \times 14 \times 1.7 \times 10^{-27}} \times 3.0 \times 10^8}{2}$$

$$\fallingdotseq 1.5 \times 10^{-11} \text{ J}$$

$$\fallingdotseq 1.0 \times 10^8 \text{ eV}(= 100 \text{ MeV})$$

となります。

　これらの値は、自然界の放射線のエネルギーとしては異常に大きな値です。このことも、ベリリウム線を電磁波とする仮定が誤っていることを示しています。

第**5**章 原子物理編

（カ）

　ベリリウム線が電磁波であるという仮説が間違いであることがわかりました。それでは、ベリリウム線の正体は何なのでしょう？

　可能性としては、ベリリウム線が粒子であるということも考えられます。

　これも、あくまでも仮定です。こちらの仮定は正しいのでしょうか？

　ベリリウム線を粒子と仮定した場合も、照射前後のエネルギー保存則と運動量保存則を用いて考えることができます。衝突後のベリリウム線粒子の速さを v'、放出された陽子の速さを V' とすると、（ベリリウム線粒子の運動量の向きが変わることに注意して）

　　エネルギー保存：$\dfrac{1}{2}mv^2 = \dfrac{1}{2}mv'^2 + \dfrac{1}{2}MV'^2$　　　　……①

　　運動量保存　：$mv = -mv' + MV'$　　　　　　　　……②

と表せます。2式から v' を消去すると $V' = \underline{\dfrac{2mv}{M+m}}\,(\text{m/s})$ と求められます。

（キ）

　今度は、ベリリウム線を窒素原子核に照射した場合を考えてみます。窒素原子核の質量は $14M$ と表せるので、放出された陽子の窒素原子核の速さ V'' はカで求めた V' について M を $14M$ として $V'' = \dfrac{2mv}{14M+m}$ となることがわかります。

　よって、

$$\frac{V'}{V''} = \frac{\frac{2mv}{M+m}}{\frac{2mv}{14M+m}} = \frac{14M+m}{M+m} = \frac{14+\frac{m}{M}}{1+\frac{m}{M}} = \underline{\frac{14+k}{1+k}}$$

と求められます。

（ク）

$$\frac{V'}{V''} = \frac{\sqrt{\frac{1}{2}MV'^2} \times \sqrt{\frac{2}{M}}}{\sqrt{\frac{1}{2}14MV''^2} \times \sqrt{\frac{2}{14M}}} = \frac{\sqrt{5.60} \times \sqrt{14}}{\sqrt{1.40}} = 2\sqrt{14}$$

230

であることから、

$$\frac{14+k}{1+k} = 2\sqrt{14}$$

の関係がわかります。これを解いて

$$k = \frac{14 - 2\sqrt{14}}{2\sqrt{14} - 1} = \frac{(2\sqrt{14} + 1)(14 - 2\sqrt{14})}{(2\sqrt{14} + 1)(2\sqrt{14} - 1)} = \frac{26\sqrt{2} \times \sqrt{7} - 42}{55} \fallingdotseq \underline{1.0}$$

と求められます。

---

memo

$k = \dfrac{m}{M} \fallingdotseq 1.0$ であることは、ベリリウム線が陽子とほぼ同じ質量を持った粒子であることを示しています。逆に言えば、ベリリウム線が陽子と同程度の質量を持つ粒子だと仮定して実験結果を考察するとき、**矛盾が生じない**ということです。

なお、この結果はベリリウム線が電荷を持たない粒子だと仮定して得られたものです。なぜならば、ベリリウム線が電荷を持つ場合は衝突時に静電気力による位置エネルギーの変化が起こるので、そのことも含めてエネルギー保存則を考えなければならないからです。

以上のことから、チャドウィックはベリリウム線を「電荷を持たず、陽子と同程度の質量を持つ粒子」と考えるに至ったのです。

Point

この仮定から得られるベリリウム線粒子のエネルギーを求めてみます。（カ）で登場した式①、②において $m = M$ とすると、$v = V'$ と求められます。よって、照射前のベリリウム線粒子のエネルギー $\dfrac{1}{2}mv^2 = \dfrac{1}{2}MV'^2 = 5.60 \text{ MeV}$ となります。この値は自然界の放射線のエネルギーとして十分にあり得る値です。このことも、ベリリウム線を「電荷を持たず、陽子と同程度の質量を持つ粒子」と考えることの妥当性を示しています。

~著者プロフィール~

三澤信也(みさわしんや)

長野県生まれ。東京大学教養学部基礎科学科卒業。2024年現在は、長野県伊那弥生ヶ丘高等学校で教鞭を執っている。物理の楽しさを伝えられるよう日々努力している。

『入試問題で味わう東大物理』『入試問題で楽しむ相対性理論と量子論』(ともにオーム社)、『図解いちばんやさしい相対性理論の本』『日本史の謎は科学で解ける』(ともに彩図社)などの物理教養本、『大学入試 物理の質問91』(旺文社)、『難関大物理「解法」の解説書』(エール出版社)などの大学受験参考書と、著書多数。

カバーイラスト	●遠田志帆
カバーデザイン	●轟木亜紀子(トップスタジオ)
DTP	●神原宏一(デザインスタジオ・クロップ)
本文図版	●望月厚志、神原宏一

難関大入試から見える
物理の醍醐味
(なんかんだいにゅうし)(み)
(ぶつり)(だいごみ)

2024年11月22日 初版 第1刷発行

著　者　三澤信也
発行者　片岡　巌
発行所　株式会社技術評論社
　　　　東京都新宿区市谷左内町21-13
　　　　電話　03-3513-6150 販売促進部
　　　　　　　03-3267-2270 書籍編集部
印刷/製本　港北メディアサービス株式会社

定価はカバーに表示してあります。

本の一部または全部を著作権の定める範囲を超え、無断で複写、複製、転載、テープ化、あるいはファイルに落とすことを禁じます。

©2024　三澤信也

造本には細心の注意を払っておりますが、万一、乱丁(ページの乱れ)や落丁(ページの抜け)がございましたら、小社販売促進部までお送りください。送料小社負担にてお取り替えいたします。

ISBN 978-4-297-14480-7 C3042
Printed in Japan

●本書に関する最新情報は、技術評論社ホームページ(http://gihyo.jp/)をご覧ください。

●本書へのご意見、ご感想は、技術評論社ホームページ(http://gihyo.jp/)または以下の宛先へ書面にてお受けしております。電話でのお問い合わせにはお答えいたしかねますので、あらかじめご了承ください。

〒162-0846
東京都新宿区市谷左内町21-13
株式会社技術評論社書籍編集部
『難関大入試から見える物理の醍醐味』係
FAX：03-3267-2271